XIANGCAOLAN ZAIPEI YU JIAGONG

XIANGCAOLAN ZAIPEI YU JIAGONG

香草兰

栽培与加工

赵青云　主编

中国农业出版社
北　京

图书在版编目（CIP）数据

香草兰栽培与加工 / 赵青云主编 . —北京：中国农业出版社，2018.11
ISBN 978-7-109-24831-1

Ⅰ.①香…　Ⅱ.①赵…　Ⅲ.①香料作物—栽培技术　Ⅳ.①S573

中国版本图书馆 CIP 数据核字（2018）第 246749 号

中国农业出版社出版
（北京市朝阳区麦子店街 18 号楼）
（邮政编码 100125）
责任编辑　石飞华

北京通州皇家印刷厂印刷　新华书店北京发行所发行
2018 年 11 月第 1 版　2018 年 11 月北京第 1 次印刷

开本：880mm×1230mm　1/32　印张：6.5
字数：160 千字
定价：48.00 元

主　编　赵青云

副主编　庄辉发　朱自慧　徐　飞

编　者　顾文亮　吴　刚　孙世伟
高圣风　王　辉　邢诒彰
王　灿　赵溪竹　徐　飞
张彦军　赵青云　庄辉发
朱自慧　刘爱勤　宋应辉

本书的编著和出版，得到国家自然科学基金面上项目“抑病型香草兰园根际土壤微生物区系特征及调控机制研究”(项目编号 31672242)，海南省自然科学基金面上项目“羟丙基-β-环糊精与香草兰浸膏超分子作用及增溶机理研究”(项目编号 317271)，中国热带农业科学院基本科研业务费专项“香草兰 可可绿色高效种植技术研究与示范”（项目编号 1630142017011)、“香草兰 胡椒 可可高效施肥技术研究与示范”（项目编号 1630142017013)、“香草兰 胡椒 可可主要病害绿色高效综合防控”（项目编号 1630142018015）项目经费资助。

前 言

香草兰（*Vanilla planifolia* Andrews），又名香荚兰、香子兰、香果兰、华尼拉，兰科多年生热带藤本攀缘植物。原产于墨西哥东南部、中美洲、西印度群岛和南美洲北部的热带雨林中，广泛分布于南北纬25°以内、海拔700米以下的热带和亚热带地区。香草兰被誉为“天然食品香料之王”，广泛用于调制各种高档香烟、名酒、特级茶叶，是各类高档糕点、糖果、奶茶、咖啡、冰激凌、巧克力、雪糕等食品和饮料的配香原料；在化妆品行业，可制造高档香水、护肤品和香精等。香草兰还是天然药材，具有补肾、健胃、消胀、健脾之功效，可用于制造芳香型神经系统兴奋剂和补肾药，已被纳入欧美国家药典中。世界年消费香草兰商品豆荚2 000吨以上，随着人们生活水平的提高，对香草兰的需求量逐年增加。目前世界范围内香草兰种植面积和产量均有限，产品在国际市场上供不应求。

我国自20世纪60年代初先后从国外引种香草兰，80年代引种成功。自此，中国热带农业科学院香料饮料研究所开始进行香草兰产业化配套技术研究，建立了国内首家香草兰研究中心。首创香草兰设施栽培模式，配套研发种蔓假植育苗、签拨指压授粉、果荚防落等关键技术，平均单产是世界主产国的1.6倍以上；研发了单元式热空气发酵生香、复合配香、有效成分萃取分离与定向纯化等加工技术，并配套研制了专用设备，开发香草兰系列科技产品20余种，开启了香草兰产业在我国发展的新篇章。

本书归纳总结了中国热带农业科学院香料饮料研究所多年的实践经验和研究成果，重点介绍香草兰历史、生物学特性、种苗繁育、种植模式、栽培管理、病虫害防控和产品加工等知识，既有应用基础研究分析，又具有技术性和实用操作性强的特点，可供广大香草兰种植者、农业科技人员和高等农林院校师生查阅使用，并对目前发展香草兰产业有促进作用。

本书由赵青云主编，庄辉发、朱自慧、徐飞副主编。顾文亮负责第一章，吴刚负责第二章、第三章，赵青云、王辉和庄辉发负责第四章，孙世伟和高圣风负责第五章，张彦军和徐飞负责第六章，赵青云和朱自慧负责第七章的编写。在编审过程中，得到中国热带农业科学院香料饮料研究所康虹等同志给予的无私帮助，在此谨致诚挚的谢意！由于水平所限，难免有遗误之处，恳请读者批评指正。

编　者

2018年7月

目录

前言

第一章　概述 …………………………………………… 1

第二章　生物学特性 ………………………………… 8

第一节　形态特征…………………………………… 8
第二节　生长特性 ………………………………… 14
第三节　气候环境要求 …………………………… 20

第三章　分类及其主要品种……………………… 25

第一节　分类 ……………………………………… 25
第二节　主要品种 ………………………………… 29

第四章　种植管理技术…………………………… 35

第一节　种苗繁育方法及种苗标准 ……………… 35
第二节　园地选择及规划 ………………………… 42
第三节　种植模式与定植 ………………………… 45
第四节　田间管理 ………………………………… 65

第五章　主要病虫害防控 …………………………………… 84

第一节　香草兰根（茎）腐病 …………………………… 86
第二节　香草兰细菌性软腐病 …………………………… 89
第三节　香草兰疫病 ………………………………………… 92
第四节　香草兰炭疽病 ……………………………………… 95
第五节　香草兰拟小黄卷蛾 ………………………………… 97
第六节　茶角盲蝽 …………………………………………… 99

第六章　收获与加工 ………………………………………… 103

第一节　鲜荚采收与分级 ………………………………… 103
第二节　初加工方法及商品荚标准 ……………………… 105
第三节　商品豆荚理化特性 ……………………………… 115
第四节　贮藏运输 ………………………………………… 117
第五节　我国主要香草兰系列产品 ……………………… 118

第七章　发展前景 …………………………………………… 134

第一节　作用功效 ………………………………………… 134
第二节　发展前景分析 …………………………………… 136

参考文献 ………………………………………………………… 139

附录一　NY/T 483—2002　香荚兰 …………………………… 144
附录二　NY/T 968—2006　香荚兰栽培技术规程 ………… 155
附录三　NY/T 2048—2011　香草兰病虫害
　　　　防治技术规范 ………………………………………… 169
附录四　DB 46/T 277—2014　香草兰栽培技术规程 …… 181
附录五　NY/T 362—2016　香荚兰　种苗 ………………… 189

第一章

概　述

一、起源与传播

香草兰（*Vanilla planifolia* Andrews），起源于墨西哥东南部、中美洲、西印度群岛和南美洲北部的热带雨林中。在1519年西班牙征服墨西哥之前，雨林中生活着的印第安部落托托纳克人就开始尝试使用香草兰。当时，托托纳克人将香草兰和玉米、可可一样赋予宗教意义。在印第安部落祭祀神灵时，祭师们会将香草兰豆荚磨碎后燃烧，使整个庙宇充满香气。当地人认为，香草兰豆荚磨碎后可以治疗肺病和胃病。在托托纳克人眼中，不同种类的香草兰有着不同的含义。西印度香草兰被认为是香草皇后，如果有疾病或者诅咒，会先侵袭西印度香草兰并被其吸收，家人则会安然无恙。此外，还有竹香草、猪香草、猴香草、驴耳朵香草、大森林香草等，每种香草都有着独特的典故。

西班牙人到达墨西哥的时候，受到了阿兹特克皇帝蒙特祖马二世的热情款待，第一次尝试加了香草兰和其他香料的巧克力浆。当时阿兹特克人所喝的巧克力浆含有辣椒面和玉米粉，是一种味道很怪且苦涩的饮料，即便加了香草兰来平衡口味，但西班牙人还是认为“更像给猪喝的泔水”。随后，殖民地的西班牙女人改进了这种饮料，使其变成了用热牛奶或者水加糖冲成的香草兰巧克力饮料。1585 年，西班牙官方首次将可可从墨西哥的韦拉克鲁斯运到了西班牙的塞维利亚，并且在当地加工可可时新添加了香草兰。

在 17 世纪初的欧洲，香草兰仅仅被认为是调制可可食品的香料。当香草兰从西班牙传到法国、意大利和英国的上流社会后，这种看法很快发生了变化。1602 年，伊丽莎白女王的药剂师和糕点师向女王建议将香草兰单独作为香料，从此女王的后半生就恋上了以香草兰为香料的甜品。在意大利，香草兰也同样受到广泛欢迎，意大利人创造了独特的茉莉口味香草可可饮料。17 世纪末，法国人变得比其他欧洲人更热衷香草兰。18 世纪初，香草兰成为法国贵族美味冰激凌和清凉果汁饮料中必不可少的香料。到了 18 世纪 50 年代，法国巴黎街头一年四季都能买到香草兰冰激凌，以香草兰为香料烘焙的面包和糕点也成为富人的最爱。与此同时，法国人还将香草兰扩展到香水行业，香草兰气味的香水和香丸受到贵族的普遍欢迎，甚至连烟草和鼻烟中也有着强烈的香草兰气息。

随着香草兰在世界上越来越受欢迎，需求量也就越来越大。1520 年，托托纳克人建造了帕潘特拉城，到了 1743 年，这座城市就成为了香草兰的贸易中心，也以“让世界充满香气的城市”而闻名于世。1759 年，对香草兰需求不断增长的欧洲人开始尝试着种植香草兰，香草兰植株首先运到了巴黎的实验室，随后更多的香草兰被送到法国的殖民地扩种。1846 年香草兰在爪哇落地，同时也进入塔希提岛。到了 1886 年，马斯克林群岛和爪哇的香草兰产量甚至超过了墨西哥。

目前，香草兰广泛分布于热带和亚热带地区，主要在南北纬

25°以内、海拔700米以下地带。主产地有马达加斯加、科摩罗、留尼汪、瓜德罗普、墨西哥和印度尼西亚，此外塞舌尔、毛里求斯、波多黎各、斯里兰卡、塔希提、汤加、乌干达、印度等地也有少量栽培。

在我国，香草兰作为特色热带香料作物，主要在海南东南部地区种植，云南西双版纳、广东汕尾、福建厦门等地也有零星栽培（图1-1）。

图1-1　香草兰

二、栽培历史

香草兰原产于墨西哥中南部韦克鲁州帕潘特拉塔晋较稀疏的树林下，年均温22～25℃，年降水量约1 500毫米，土壤肥沃。1519年埃尔南科尔特斯首次发现当地居民用香草兰干豆荚作为一些饮料调香，后来引进到西班牙、法国及欧洲其他国家。据记载，自墨西哥采用香草兰制成风味调香料，至今已有400多年的历史。早在16世纪，墨西哥人开始使用磨碎的香草兰粉为巧克力调香。

17世纪初，香草兰传入法国，被用来调制各式甜食、点心和饮料，还用于化妆业上制造香水。香草兰于1793年之前就被引入欧洲种植，但却有花无荚，并未掌握其栽培技术。直到1807年，Marquistgus 重新引进香草兰后，Carles Greville 在帕丁顿、英格兰成功地种植了墨西哥香草兰。同时，巴黎和比利时的植物园也引进香草兰插条茎蔓。

Carles Greville 引种的香草兰成功结荚成为香草兰栽培史上一个里程碑。此后，香草兰引起欧洲人的普遍重视，但在自然条件下很少结荚，人工授粉引起了研究者的注意。在原产地墨西哥，一些特殊的昆虫（一种名叫 melipona 的蜜蜂）可进行极少量有效的授粉，但在当地这种特殊的昆虫并不能大量繁殖，因此在引种后的一个多世纪内香草兰均无法进行商业化种植。1838年，Chars Morren 首次成功地进行了香草兰的人工授粉，采用他的方法进行人工授粉后，香草兰可获得2倍以上的产量，他在一次授课时展示了一段带荚的香草兰茎蔓和3条捆绑在一起的成熟香草兰豆荚。与此同时，巴黎自然博物馆 Neumann 也重复了 Morren 的成果，但是其方法要用剪刀，当时未大规模推广使用。直到1842年，一个早期从留尼汪来的工人 Edmund Albius 发明了世界各国家沿用至今的香草兰人工授粉方法。香草兰人工授粉技术和插条（茎蔓）繁殖技术的应用，加速了英国、比利时、法国等国家香草兰种植业的发展，从此开辟了东半球热带地区大规模种植香草兰的道路。

我国适宜种植香草兰的地区主要有海南省和云南省的西双版纳，其中以海南的条件较好。1960年福建亚热带作物研究所从印度尼西亚引种，1962年中国热带农业科学院从斯里兰卡引种

至海南儋州并试种成功，1963 年云南热带作物研究所从福建引种，1976 年西双版纳景洪热带作物研究所引种试种成功。1983 年中国热带农业科学院香料饮料研究所在海南兴隆地区引种的香草兰成功结荚，自主加工后豆荚质量与进口制品相似，可代替进口。

20 世纪 90 年代初，海南将种植香草兰作为发展热带高效农业的重点项目，列入海南省的“八五”“九五”计划中。1993 年在国家计委的牵头下，亚洲开发银行通过专家小组的实地考察论证，初步规划出在海南香草兰的主产区屯昌、琼山建立香草兰种植及加工基地，计划人工荫棚集中栽培 130 多公顷。同时，海南省计划厅也在屯昌采用人工荫棚种植香草兰 13 公顷；紧接着海南香料日用化学工业公司先后在万宁、定安、琼海等地相继种植香草兰 46 公顷。经过 5 年的发展，海南省已种植香草兰 130 多公顷。云南省也将香草兰作为新兴的产业列入“九五”发展计划中，1994 年成立了云南香荚兰产业有限责任公司，在西双版纳州种植香草兰 100 公顷。

20 世纪 90 年代末，在政府、投资机构、基地运营商都把眼光投向香草兰种植业，并期待其成为新的经济增长点时，由于前期投入高，生产周期长，后续管理技术和资金力量均不到位，以及产量不稳定、病虫害较严重、国内缺乏消费市场、出口困难等问题，造成香草兰园大面积荒芜失管直至毁园。海南省仅保留部分香草兰种植园，云南省西双版纳基地也因严重寒害影响，产量大幅降低。

为了解决香草兰种植技术难题，促进产业发展，中国热带农业科学院香料饮料研究所对香草兰进行适应性引种试种研究，并根据香草兰开花结荚与产品加工的特殊性，生产投入、产出效益及海南气候特点等进行了理论研究与实践验证。开展了“香草兰丰产栽培模式研究”和“香草兰初产品加工中试工艺研究”等配套技术研发，提出海南香草兰产业分散式或活荫蔽间作，集中加工的发展模式。“香荚兰 种苗”“香荚兰”“香草兰栽培技术规程”等农业行业标准的制订，填补了国内香草兰研究的多项空白，为产业健康发展提供了技术支持。

中国热带农业科学院香料饮料研究所研究发现，采用人工荫棚种植，香草兰定植 1.5 年后开始开花结荚，长势良好的开花结荚率达 20%以上；2.5 年全面开花结荚，盛产期平均产 630 千克/公顷以上，超过当时香草兰主产国产量水平（300～405 千克/公顷）。活荫蔽树下间种香草兰定植 2 年后部分植株开花结荚，3 年后全面开花结荚，投资成本为人工荫棚种植模式的50%～60%。

三、国内外发展现状

据联合国粮食与农业组织（FAO）数据统计，2003—2014 年，世界范围内香草兰种植面积不断扩大。目前，世界总种植面积在 11 万公顷左右，以马达加斯加和印度尼西亚种植面积最大，两国种植面积占全世界 85%以上。期间，总产量在 2009 年达到 1 万吨，之后稳定在 7500 吨左右。

2002—2013 年，世界香草兰进出口总量在 2 000～3 000 吨，马达加斯加和印度尼西亚为主要出口国。近些年，以马达加斯加出口为主，在 1 000 吨以上，印度尼西亚出口量逐年减少。香草兰主要进口国为美国、法国和德国，其次为加拿大和丹麦。2010 年以来香草兰总贸易额在 5 000 万～6 000 万美元。我国香草兰进口量逐年增加，目前超过 20 吨。

在 20 世纪 80 年代，中国热带农业科学院香料饮料研究所引种试种香草兰成功后，对香草兰丰产栽培技术进行了系统研究，

掌握了人工荫棚下栽培香草兰的关键技术。2001 年，中国热带农业科学院香料饮料研究所采用单元式热空气发酵生香法，设计并建成加工能力 6～8 吨香草兰干荚中试工厂。加工后的产品经分析，香兰素含量平均达 3.00%，质量稳定，品质达到国际 ISO 标准，填补了我国国内工厂化加工香草兰的空白。

香草兰生产是一种高效产业，我国已有一定的种植面积，且正在不断扩大。我国的海南和云南地处热带、亚热带地区，地理位置和自然环境优越，气候条件与主产国极为相似，是世界上适宜发展热带作物的少数地区之一。香草兰的种植仅限于热带地区，而目前世界范围内香草兰的种植面积和产量均有限，产品远远不能满足市场需求。因此，充分利用海南及云南的自然优势发展香草兰种植业和加工业，既可丰富我国名贵香料资源，促进高档食品、名烟、茶叶和香料工业的协调发展，又可在满足国内市场所需的同时，组织部分出口创汇。

在我国香草兰适宜种植区，充分发挥自然资源与劳动力资源优势，在龙头企业的带动下，依靠各级地方政府支持，给予优惠政策及小额低息、贴息贷款。可通过“公司/企业＋科研院所＋农户”的发展模式，发动农民种植香草兰。采取庭院式活荫蔽树下粗放式、分散式种植，降低投入。科研院所和专营公司参与，利用公司/企业的管理经验和资金优势，免费提供种苗，与农户签订产品保价收购协议，科研院所为农民进行科技培训和提供技术服务，扶持农民发展香草兰种植。这是一条帮助农民脱贫致富的途径，有利于提高和保障香草兰种植区农户的经济收入，增加热区就业机会，带动热区经济发展。

第二章 生物学特性

第一节　形态特征

一、根

香草兰属浅根系植物，根分为气生根和地下根两种（图2-1）。

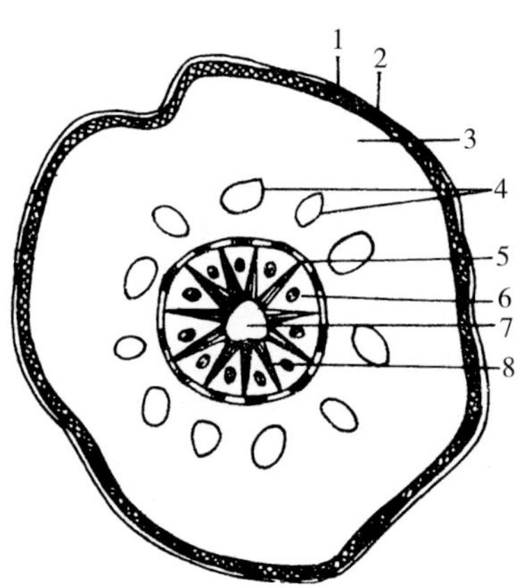

图2-1　香草兰气生根横切面示意

1.表皮　2.木栓层　3.皮层　4.空腔

5.内皮层　6.韧皮层　7.髓　8.木质部

图 2－2　香草兰地下根

由土表蔓节上长出的地下根，沿土表延伸，入土后产生多级支根，根端布满白色绒毛，具有吸收水分和养分的功能，称为吸收根，水平分布在 0～30 厘米的表土层中，主要集中在0～5厘米范围内，长 30～50 厘米（图 2－2）；气生根从每个蔓节的叶腋对侧长出，地上部每个蔓节均能长出 1～3 条气生根（图 2－3），用于缠绕支柱物（或攀缘树），起固定茎蔓使其易于向上攀缘的作用，称为固定根。在湿度较大时，茎蔓节上还可抽生新的气生根，往下伸入土表后根端长出根毛，也能起吸收作用。

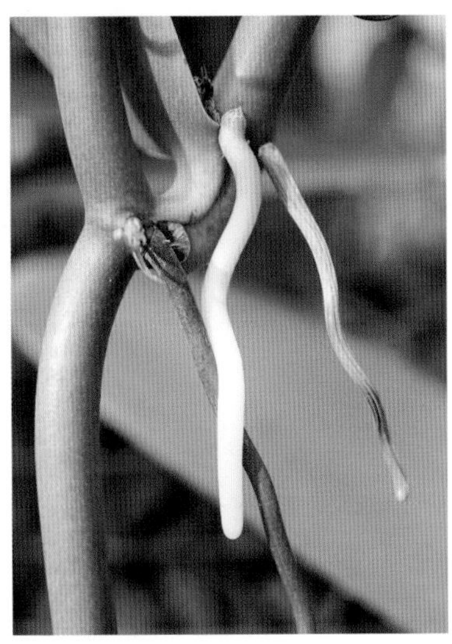

图 2－3　香草兰气生根

二、茎蔓

香草兰的茎蔓浓绿色，圆柱形，肉质，多节，粗 0.4～1.8 厘米，节长 5.0～15.0 厘米（图 2－5）。具有较强的再生能力，原蔓断顶 20～25 天后，腋芽便发育抽出新蔓。从表 2－1 可看出，再生蔓的生长势较原蔓强壮，具有明显的逐级增粗趋势，这种特性对植株的复壮具有一定意义。

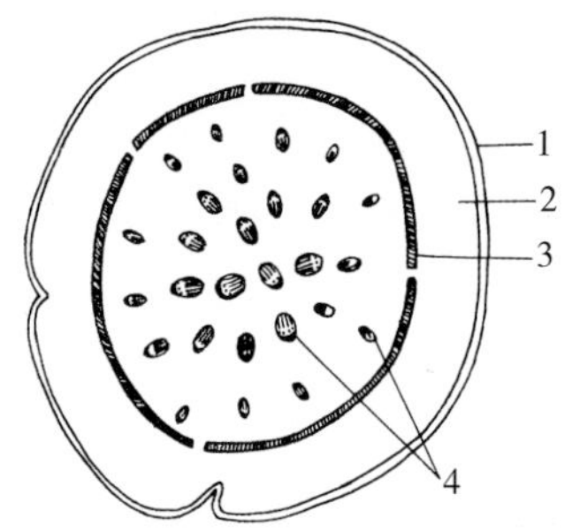

图 2－4　香草兰茎蔓横切面示意

1. 表皮　2. 皮层薄壁组织　3. 内皮层　4. 维管束

图 2－5　香草兰茎蔓

表 2-1　香草兰茎蔓断顶次数与再生蔓粗度表

断顶次数	第一次	第二次	第三次	第四次
再生蔓粗度（厘米）	0.54	0.79	0.89	1.12

三、叶

香草兰的叶为单叶，互生，肉质，浓绿色，长椭圆形或披针形，长 8.0～24.0 厘米，宽 2.0～8.0 厘米，叶脉平行不明显，几乎无叶柄（图 2-6、图 2-7）。

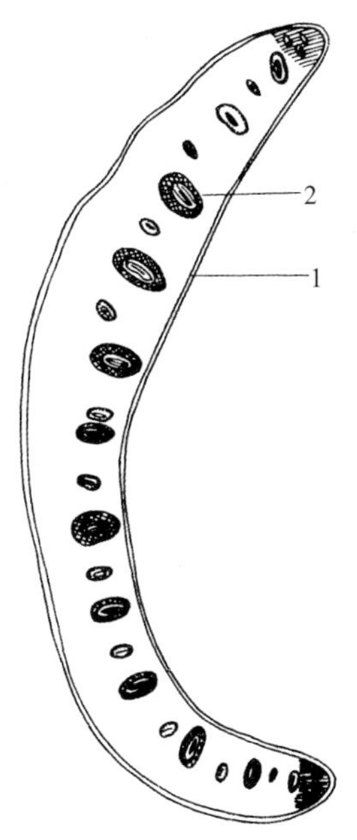

图 2-6　香草兰叶尖端横切面示意
1. 表皮　2. 维管束

图 2-7　香草兰叶

四、花

香草兰雌雄同花，腋生，总状花序（图 2－8），长 6～20 厘米，每个花序有 20～30 朵小花。花浅黄绿色，呈近似于螺旋状相互排列于花序轴上，盛开的花朵略有清香。花萼 3 枚，为花的外轮。花瓣 3 枚，为花的内轮，左右 2 枚较萼片小，中央 1 枚为唇瓣，短而大，呈喇叭状。蕊柱为合蕊柱，由雄蕊的花丝和雌蕊的花柱愈合而成（图 2－9）。从外表看，雄蕊无花丝，只有 1 枚花药着生于蕊柱顶端的花粉囊里（药室），花粉囊 2 室。花药浅黄色。柱头 2 裂，黏性大。子房长 4～6 厘米，下位 1 室，有 3 个侧膜胎座，每个胎座着生无数细小的胚珠，受精后发育成种子。蕊喙是一个雌蕊变异而成的器官，拱盖在柱头上面，形如牙齿状，薄而黏，其大小依花朵而异，每朵花（图 2－10）的子房基部有一枚略呈三角形的凹状苞片，苞片对幼小花芽的形成和幼嫩的花蕾起屏障性的保护作用。

图 2－8　香草兰花序

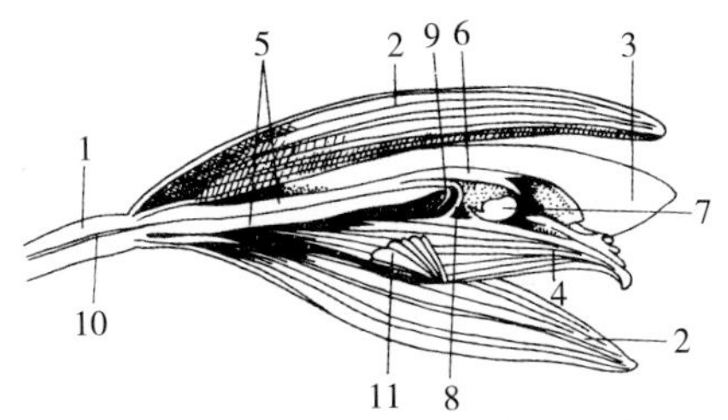

图 2-9　香草兰花的纵剖面示意

1. 子房　2. 萼片　3. 花瓣　4. 唇瓣　5. 合蕊柱　6. 花丝　7. 花粉块　8. 蕊喙　9. 柱头　10. 胎座　11. 唇瓣的片状增生

图 2-10　香草兰花

五、果荚

香草兰果荚属开裂蒴果，长 10～25 厘米，直径 0.5～1.5 厘米，基部细，呈弧状，种子黑色，细小，略呈圆形，平均长 0.31 毫米，宽 0.26 毫米，每条果荚有几百到几万粒种子。香草兰果荚横切面见图 2-11，香草兰果荚见图 2-12。

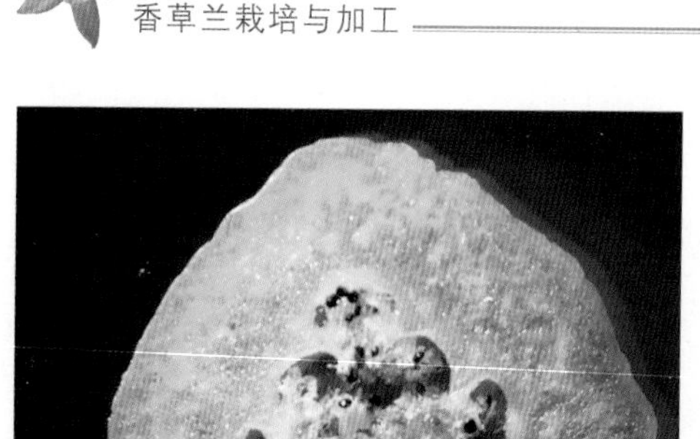

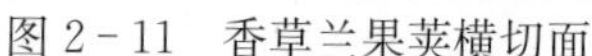

图 2-11　香草兰果荚横切面

图 2-12　香草兰果荚

第二节　生长特性

一、根系生长特性

香草兰每个茎蔓节叶腋的对侧均能长出不定根，地上部每个茎节通常长出 1～2 条不定根，用于缠绕支柱物或攀缘树，起固定攀缘作用；在湿度较大时，地上部的蔓节也抽生新的气生根，延伸入土或基质，产生根毛，吸收水分和养分。地下部入土蔓节或靠近地面的每个蔓节通常只长 1 条不定根，延伸入土或栽培基质内发育成具吸收功能的吸收根。第一条不定根在芽的一侧长出后，相邻茎蔓节第一条根长出的位置是左右互对的，在同一茎蔓节上，同时从芽两侧长根；当第一条根枯死、感病或通过人为诱导，第二条根萌发的位置大部分（90%以上）是从第一条根距芽体最近一侧的中部萌生。

由于香草兰为浅根系植物，对旱、寒等不良条件的抵抗力较弱，易染病，引起断根烂蔓；根系发达完整的植株，茎蔓粗壮，叶大而浓绿，植株长势强，花芽分化开花早。因此，充分

利用香草兰气生根的特性，创造根系生长的适宜环境条件，促进根系健康生长，是争取速生高产、延长经济寿命的重要措施之一。

二、茎蔓生长特性

在海南兴隆地区，香草兰人工荫棚栽培条件下，植后 1 个月开始萌芽生长。植后第一年茎蔓年平均生长量为 454.3 厘米（63.1 节），茎粗为 0.86 厘米，第二年年平均生长量达 856.8 厘米（76.4 节），茎粗 1.07 厘米。由于第三年开始开花结荚，消耗部分养分，茎蔓生长量较第二年减少。

香草兰茎蔓周年均可生长，但冬季低温期生长缓慢。1～2 月平均生长量为 33.2 厘米；3 月随着温度升高生长速度加快；5 月进入第一次生长高峰，月均生长量为 87.9 厘米；8 月达到最高峰，月均生长量达 108.7 厘米，以后随着温度降低，生长又逐渐减慢。

香草兰茎蔓生长与温度密切相关。据观测，月均温 21～29℃适宜香草兰茎蔓生长，25～29℃最适宜生长；月均温低于 20℃则生长缓慢。连续 5 天日均温在 15℃以下时，香草兰茎蔓几乎停止生长，绝对低温 6.7～10.8℃连续 9 天，嫩蔓有轻微的寒害。

相对湿度的变化也影响香草兰茎蔓生长。相对湿度大于 80％适宜香草兰茎蔓生长，相对湿度小于 75％茎蔓生长缓慢。保持灌溉条件下，降水量影响香草兰茎蔓生长没有明显的规律性，月降水量大于 700 毫米，茎蔓生长反而下降，然而，过于干旱、相对湿度小对茎蔓生长也不利。

香草兰属半阴性植物，不同荫蔽度下其茎蔓生长也有差异。70％～75％的荫蔽度茎蔓生长较快，植后 2 年总生长量达1 329.1厘米，但茎蔓比较纤弱，茎粗仅仅 1.00 厘米；50%～55%的荫蔽度茎蔓生长量稍小，植后 2 年总生长量为 1 292.9厘米，但茎蔓较粗壮，茎粗为 1.13 厘米，有利于开花结荚。

三、叶片生长特性

香草兰的叶片从叶芽到老熟平均 32.5 天，低温干旱期（12 月至翌年 3 月）平均 43.4 天，高温多雨季节（4～11 月）平均 28.5 天。荫蔽度的大小也影响香草兰叶片的生长，70%荫蔽度条件下从叶芽到老熟所需时间为 31.9 天，而 50%荫蔽度则需 30.6 天。

四、开花与结荚特性

（一）开花物候期

海南兴隆地区，1 月上旬至 2 月中（下）旬为香草兰花芽萌发期；2 月下旬至 3 月中旬为显蕾期；3 月中旬至下旬为初花期；4 月上旬至下旬为盛花期；5 月上旬至下旬为末花期。一个花穗从花芽形成到末花期需 130～140 天。

气候条件是影响香草兰开花物候的主要因子之一。在海南兴隆地区，花芽分化萌发期的最低日均温为 15.9～16.6℃，适宜日均温为 20.0～21.3℃，平均相对湿度为 80.3%～85.7%；显蕾期最低日均温为 11.0～17.4℃，适宜日均温为 22.2～24.7℃，相对湿度为 75.5%～80.0%；初花期最低日均温为 21.0～25.5℃，适宜日均温为 25.1～27.7℃，相对湿度为 78.1%～82.1%；盛花期最低日均温为 21.1～24.7℃，适宜日均温为 25.1～28.2℃，相对湿度为 77.7%～81.7%；末花期最低日均

温为23.0～28.0℃，适宜日均温为27.5～29.3℃，相对湿度为78.6%～86.5%。因此，香草兰开花物候花期要求的日均温为15.9～28.1℃，相对湿度为75.5%～86.5%，但整个花期适宜的日均温为21.3～29.3℃。

低温对香草兰开花有明显的影响。根据观测，在兴隆地区连续4天低温，绝对低温5.9℃，每天持续3～5小时，香草兰少部分花蕾受轻度寒害，且整个花期往后延迟15～20天。荫蔽度对开花物候期也有影响，试验条件下，花芽在25%～30%荫蔽度下比70%～75%荫蔽度下提早10天左右萌芽。

（二）开花特性

香草兰的花芽由叶腋抽出，花芽刚萌芽时类似营养芽，但牙尖较饱满，大部分着生于较粗壮的当年生茎蔓上，连节、隔节或隔数节着生，没有一定的分布规律；其花序为穗状直立花序，通常在一条茎蔓上能同时抽生1～30个花序，每一花序长4～21厘米，有7～24朵小花。花序上的小花由基部自下而上顺序开放，每个花序每天同时开放的小花一般只有1～3朵，通常只有2朵，很少超过4朵。很少同一花序一天同时开3～4朵小花，一般一天只开1朵小花。在兴隆地区，香草兰花朵全开放时间一般在上午6:00～9:00，花被在当天的11:00开始闭合，下午6:00～7:00后完全闭合。小花开放的适宜温度为21.1～26.7℃，相对湿度为82.0%～92.4%。

（三）影响授粉成功率的因素

香草兰花为两性花，构造特殊，雄蕊与柱头之间被一片蕊喙隔开，自然授粉率不足1%，因而必须经人工授粉才能结荚。影响香草兰授粉成功率的主要因素是授粉时间，不同授粉时间授粉的成功

率不同，最佳授粉时间为当天上午6:30～10:30；此外，天气状况与授粉成功率也有关系，晴天和阴天授粉最好，成功率高达92.8%以上，但连续小雨对授粉影响较大，成功率比晴天减少20%。

（四）结荚特性

香草兰的花朵经人工授粉2天后，授粉成功的花朵子房扭转180°朝下生长，花被仍附着在子房上（图2-13）；授粉失败的花朵子房仍朝上，一般2～3天内花被凋萎脱落（图2-14）。授粉成功后35天以内果荚迅速增大，长度和厚度都明显增加（图2-15），随后果荚生长缓慢，长度和厚度增加不明显，45天后果荚停止继续生长而趋向稳定，以后逐渐转入发育成熟阶段。因此，在海南兴隆地区，香草兰从授粉到果荚停止生长、定形需40～45天，从开花到果荚成熟需240～270天，即8～9个月。

图2-13　授粉成功后子房朝下生长

香草兰有严重的生理落荚现象，在海南兴隆地区落荚期为5月上旬至6月上旬，落荚高峰期为5月中下旬，平均落荚率高达53.8%。落荚率与结荚量、荫蔽度等有关，荫蔽度小，结荚多的落荚率高，反之落荚率低。此外，久旱无雨或久旱突然下雨也易引起香草兰落荚。落荚主要原因是果荚形成后，生长发育的幼荚发生内部营养竞争及生长发育的幼荚与新抽生侧蔓间养分竞争的缘故。

图 2-14　授粉未成功子房仍朝上

图 2-15　迅速生长的香草兰果荚

第三节　气候环境要求

香草兰是典型热带雨林的兰科植物，在其生长发育期间，要求温暖、湿润、雨量充沛而又不过多并有一定荫蔽度的气候环境。

一、气温

适宜香草兰正常生长发育的年平均气温为 24℃左右，月均气温 21～29℃，最适月均温为 25～29℃，最冷月平均气温和年平均气温都在 19℃以上。月均温低于 20℃香草兰生长缓慢，持续 5 天日均温低于 15℃茎蔓生长停止；绝对低温 6.7～10.8℃持续 9 天，嫩蔓出现轻微寒害。香草兰主产地位于南半球的马达加斯加，最热月平均气温为 26℃，出现在 1 月；最冷月平均气温为 21℃，出现在 8 月，年均温差 5℃。平均最高气温为 33℃，出现在 1～3 月；平均最低气温为 16～18℃，出现在 7～9 月。≥10℃的年积温为 8 395～8 760℃。原产地墨西哥年极端最低气温为 5℃，出现在 1 月（据试验观测，香草兰有轻微寒害，表现为嫩梢枯萎）。12 月和 2 月的最低气温均为 10℃。

二、降水量

香草兰需经常保持潮湿的环境才能正常生长，年降水量 1 200～3 500毫米，且分布均匀。一般年雨季 9 个月，年旱季 3 个月（花芽分化期），相对湿度 80％以上适宜香草兰茎蔓生长。但降水量过多（月降水量 700 毫米以上），则易受枯萎病菌和霉菌的侵染。如过度干旱、相对湿度小，香草兰在生理上会受到严重的破坏，且不能恢复。因此，宜根据地势的不同为香草兰提供

不同的灌溉，可采用永久性管道装置灌溉、移动（携带）的管道灌溉、池塘灌溉、沟渠灌溉等措施。适宜香草兰生长的年降水量为 1 500～3 500 毫米。主产地马达加斯加各月雨量分配较均匀，而原产地墨西哥的年均降水量为 1 531 毫米，且旱湿季明显，4～5月为旱季，其他各月雨量分配较均匀；≥0.1 毫米的雨日全年有 173～205 天，湿季各月均有 11～20 天。

三、日照

年日照时数 2 473～2 564 小时，日照百分率 56%～58%，平均每日实照时数 6.8～7.0 小时，适宜香草兰正常生长。主产地马达加斯加 10～12 月的日照时数最多，平均每日 7.9～8.0 小时；6～8 月最少，平均为 5.7～6.2 小时。

四、风

香草兰主产地马达加斯加属热带多雨气候，早晨和上午晴朗无雨时，风速微弱，下午常有阵雨，并有阵雨前大风。每年 12 月到翌年 5 月有热带风暴或热带低压强风侵袭，平均每年 1～2 次，但 8 级以上台风较少。平均风速 2.0 米/秒左右最适宜香草兰生长，大风会引起茎蔓损伤，发生病害。

五、荫蔽度

香草兰是喜阴植物，需在一定荫蔽度下生长。适当荫蔽是影响香草兰生长发育的关键因素之一。香草兰荫蔽可用原已成型的树，也可种植能为其提供荫蔽和攀缘的树种或直接采用一定荫蔽度的遮光网、竹片、板条等作荫蔽。用遮光网、竹片、荫蔽树等作荫蔽，要保持荫蔽度均匀，且不存在树根与香草兰根系间养分和水分竞争。适宜香草兰生长的荫蔽度为 50%～

70%。因此，应在不同季节根据香草兰不同的生长期对荫蔽树进行修剪，调节荫蔽度至适宜的范围，保持透光率30%～50%。雨季及香草兰生殖生长期（花芽分化期、开花期）荫蔽度宜小（50%～55%），而旱季和香草兰营养生长阶段荫蔽度宜稍大（70%～75%）。同时，应避免荫蔽度过大，否则会引起香草兰茎蔓纤细，叶小，开花结果也将大大减少；另一方面，若阳光照射过强，叶片灼伤变黄，干旱使植株长势虚弱，则易感染根（茎）腐病。

六、土壤因素

土壤质地和酸碱度等比土壤肥力对香草兰的生长更为重要。在平原地和降水量大的园地，必须有良好的排水系统，且土壤应属壤土或沙砾土。在波多黎各，最适宜香草兰生长的土壤为石灰岩母质土壤。香草兰对土壤pH反应极为敏感，最适宜生长的土壤pH为6.5的微酸性土壤。pH在6.0～7.0范围内生长良好，pH低于5.5或高于7.0均会抑制其生长，且低pH的抑制作用大于高pH。酸性土壤施石灰有利于香草兰生长和养分吸收。

七、宜植区

在我国，海南省的儋州、琼海、万宁、屯昌等地和云南省的景洪、勐腊、河口等地，年均气温与香草兰主产地马达加斯加的年均气温相近。

从农业气候分析我国热区种植香草兰的可行性时，除了研究香草兰对温度的适应性，还应分析温度的年分布情况。海南除12月至翌年2月的月均温低于20℃外，其余9个月的月均温都在20℃以上。云南西双版纳地区的月均温则稍低，有4个月月

均温在 20℃以下。海南的儋州、琼海、万宁、屯昌等地≥10℃的年积温为 8 400～8 900℃；云南的景洪、勐腊为 7 600～8 000℃，河口为 8 200℃。

香草兰原产地有 5℃的低温，一般将 5℃作为香草兰生长需求的最低温度。海南省东南部全年没有低于 5℃的低温出现，香草兰的越冬条件最好；海南省西北部的儋州 5 年 3 遇，云南省的景洪 10 年 9 遇，越冬条件次之；云南省的勐腊、河口每年均出现低于 5℃的低温，越冬条件最差。最冷月的平均气温可衡量该月份的热量供应水平，对于多年生的香草兰而言，热量水平太低，不能适应其生长发育要求及获得经济产量。我国热带地区最冷月平均气温比主产地低 3～6℃。

海南省西北部和东南部的年降水量为 1 800～2 200 毫米，上限与马达加斯加的安塔拉哈相似，但与原产地墨西哥相比却比较丰富。马达加斯加 1 年中只有 1 个月的降水量低于 100 毫米，而海南省的儋州、万宁、琼海等地平均每年有 4 个月降水量低于 100 毫米，云南省的景洪、勐腊、河口等地平均每年有 6～7 个月降水量低于 100 毫米，说明我国热区旱季较长。原产地马达加斯加的安塔拉哈和塔马塔夫的年均雨日分别为 173 天和 205 天。海南省的琼海、万宁、儋州等地年雨日为 161～168 天，云南省的景洪、勐腊、河口等地年均雨日为 172～193 天。

香草兰属浅根系植物，对土壤的要求不严，即使在贫瘠的土壤上，只要排水良好，且有疏松透气的植物性覆盖物，有机肥充足，且钾、钙、磷、氮等元素能满足需要，也可生长旺盛，正常开花结荚，取得较高的产量。海南的自然土壤一般处于中等肥力水平，有机质含量为 1.5%～2.5%，大多属砖红壤或红壤。

从气温、年降水量、年均雨日、最低气温、土壤、干燥度、大风日数等指标综合分析，我国海南省和云南省热区具有适宜香草兰生长发育的农业气候条件，其中海南东南部的万宁、琼海、定安、屯昌、陵水和保亭温度高，越冬条件好，属湿润区，是最适宜香草兰生长发育的地区；海口、临高、澄迈、文昌、儋州和昌江偶有轻霜，但影响不大，属半湿润区，水热条件良好，为适宜种植区；云南的景洪、勐腊、河口等冬季低温期稍长，旱季较长，但在一定技术措施下也适宜发展香草兰种植。

第三章

分类及其主要品种

第一节 分　类

香草兰是兰科香草兰属植物，全属约 110 种，原产于墨西哥和中美洲、南美洲的热带雨林。香草兰属野生资源广泛分布于热带地区，南北纬 25°以内。该属植物喜攀缘，长可达数米，茎稍肉质，每节生 1 枚叶和 1～2 条气生根，借助根的附着向上生长；叶大，肉质具短柄；总状花序生于叶腋，具数花至多花；果实为荚果状，肉质；种子具厚的外种皮，常呈黑色。本属一些种类被广泛栽培供香料用，主要有 3 种，墨西哥香草兰（*Vanilla planifolia* Andrews）、塔希提香草兰（*V. tahitensis* J. W. Moore）和大花香草兰（*V. pompona* Schiede）。其中，墨西哥香草兰是主栽种，占 90%以上。对香草兰属下种的数目，各文献报道不尽一致，有约 70 种，也有记载为 107 种和 111 种。Porteres 记载为 110 种，并提供了种的地理分布情况，大多数的种（52 种）分布在美洲，亚洲东南部和新几内亚地区发现有 31 种，非洲 17 种，印度洋地区 7 种和太平洋地区 3 种。果荚含有芳香成分的有 18～35 种，大都起源于美洲大陆。目前这些含有芳香果荚的种类大多处于野生状况下，还未进行选育和人工规模化种植。

据报道，目前国内发现的香草兰属野生种质资源有 4 种，分布在台湾、福建、广东、海南、广西、贵州和云南，分别是台湾香草兰（*V. somai* Hayata）、深圳香草兰（*V. shenzhenica* Z. J. Liu & S. C. Chen）、南方香草兰（*V. annamica* Gagnep.）（图 3－1、图 3－2）和大香草兰（*V. siamensis* Rolfe ex Downie）（图 3－3）。由于缺乏花或花不完整，还未能对一些种质做出准确的判断。

图 3–1　南方香草兰的植株

图 3-2 南方香草兰的花

图 3-3 大香草兰的花

Govaerts 把台湾香草兰 *V. somai* Hayata 归并为 *V. albida* Bl.，但《中国植物志》认为本种地理分布与上述种相距甚远，故视为独立的种较为合理，福建采到的标本甚似台湾香草兰，其地理位置较近，有可能是同一个种。本书在台湾香草兰的问题上，采用《中国植物志》的建议，其学名为 *V. somai* Hayata。深圳香草兰是 2007 年首次发现于华南深圳的兰科新种，具有重要的研究价值。广西雅长地处黔、滇、桂交界处，属亚热带南缘，热量充沛，干湿季节明显，其中在兰科植物保护区的拉雅峡谷至少存在越南香草兰的3个自然居群，其中1个居群占地面积几乎达到5 000米^2，生长约2 000株，其居群数量和密度均为全国首位，世界罕见。贵州省的该属植物至《中国植物志》19卷出版时还未能确定其种类，直到2000年的野外工作中，采到该属具花植株才被鉴定为越南香草兰。大香草兰主要分布在云南南部西双版纳和河口的低山沟谷林中。另有文献记载，越南香草兰和大香草兰在海南三亚地区均有分布，其野生自然分布区重叠。据中国热带农业科学院香料饮料研究所研究人员调研，在海南保亭和五指山部分地区也有香草兰属植物分布，但还未能采到其标本。由此可见，为数不多的关于我国香草兰属资源分类、分布的文章都是近年才见发表，缘由该属植物一般分布在热带雨林、山沟谷林下、人迹罕至的地方，单花开放时间一般为1天，增加了野外工作和鉴定的难度，致使该属一些种类现今才被发现和鉴定。目前我国记录的国产野生香草兰种质资源名称和分布见表3-1。

表3-1 中国野生香草兰种质资源

种　名	拉丁名	分布地	生　境
台湾香草兰	*V. somai*	台湾台北、花莲、苗栗、高雄	林下或溪边林下（花果期4～8月）
深圳香草兰	*V. shenzhenica*	广东深圳龙岗	山谷疏林中，附生在石壁、树干上（花期2～3月，每朵花开放7～10天）
越南香草兰	*V. annamica*	广西、贵州（兴义、罗甸、坡岗）、海南三亚	山地石壁上、林中（花期4～6月）
大香草兰（香果兰）	*V. siamensis*	云南景洪、勐腊、勐海、河口；海南三亚等地	低山沟谷、密林疏林下，附生在大树上（花期8月）

第二节　主要品种

我国系统开展香草兰的选育种研究较少，引进选育的品种只有 1 个，即由中国热带农业科学院香料饮料研究所引进选育的热引 3 号香草兰品种。热引 3 号香草兰（*Vanilla planifolia* Andrews cv. Reyin No. 3）即目前生产上常称的墨西哥香草兰。1962 年由华南热带作物研究院（中国热带农业科学院的前身）从斯里兰卡引进，种植在海南省儋州热作两院植物园；1983 年引到万宁县兴隆试验站（中国热带农业科学院香料饮料研究所前身）试种。目前热引 3 号香草兰品种是海南省种植的主栽品种。在国外开展香草兰的选育种研究也较少。目前世界上广为栽培的主要有墨西哥香草兰、塔希提香草兰和大花香草兰 3 种，其中，墨西哥香草兰是主栽品种，占 90%以上，主产国有马达加斯加、墨西哥、印度尼西亚、印度、留尼汪等。塔希提香草兰主要种植在南太平洋岛国留尼汪，而大花香草兰种植在西印度群岛地区。

一、墨西哥香草兰

1. 分布　墨西哥香草兰是最有经济价值的栽培品种，其原产地为墨西哥东南部、西印度群岛、危地马拉、萨尔瓦多、巴拿马、洪都拉斯、尼加拉瓜、哥斯达黎加、哥伦比亚、委内瑞拉、苏里南、厄瓜多尔、秘鲁和玻利维亚。墨西哥香草兰是目前世界上种植面积最大的香草兰品种，占世界栽培总面积的 90%以上，广泛分布于非洲、亚洲及热带美洲。本书所述除注明外均为该品种。

2. 形态特征　茎蔓粗壮，喜攀缘，自然条件下可沿攀缘柱生长至 10～15 米高，不分枝或分枝细长，肉质纤维弯曲，绿色，叶

对面产生气生根，并通过气生根缠绕在攀缘物上，叶大而扁平，肥厚，几乎无叶柄，长椭圆形趋向披针形，急尖形，趋于渐尖形，长9～23厘米，宽2～8厘米。腋生总状花序，每个花序有6～15朵小花，多的达20～30朵，花朵黄绿色且小而淡。每朵小花开放时间约1天，如不及时授粉，2～3天内脱落。每朵花由3片萼片、3个花瓣及中央柱状器官（含雄蕊和雌蕊）组成，其中一个花瓣退化并增大形成唇瓣；萼片和花瓣几乎成线性排列，趋于长椭圆形到扁球形，钝形趋于稍尖形，长4～7厘米，宽1～1.5厘米；唇瓣喇叭形，长4～5厘米，最宽处1.5～3厘米，花盘上有条形的疣状突起或乳头状小突起，花盘中央有一丛生的绒毛，顶点微凹，外卷的边缘有不规则的穗边（绒毛），内表面有毛状的柱形物，长约3厘米，每朵小花结一蒴果（果荚），果荚长圆柱形，长10～25厘米，直径0.8～1.4厘米，成熟时呈浅黄绿色，种子褐黑色，大小为0.25毫米×0.20毫米（图3-4至图3-6）。

图3-4　墨西哥香草兰的植株

图 3-5　墨西哥香草兰的花

图 3-6　墨西哥香草兰的果荚

3. 生物学特性　仅限种植在热带地区，要求温暖、湿润、雨量充沛而又不过多，并有一定荫蔽度的气候环境；适宜正常发育的年平均气温 24℃左右，需经常保持潮湿的环境并有一定的荫蔽度（50%～70%）才能正常生长，在土壤 pH 6.0～7.0 范围内生长良好。本种是常规栽培种，也是目前世界上主要的栽培品种，在海南兴隆地区每年 3～5 月开花，11 月至翌年 1 月果实成熟。

4. 经济价值　墨西哥香草兰是最有经济价值的香草兰栽培种，其鲜荚经生香加工后的初产品香草兰商品豆荚，含有 250 多种挥发性香气成分，含量最多的 4 种为香兰素 2%～3%，对羟基苯甲醛和香兰酸 0.2%、对羟基苯甲基醚 0.02% 和乙酸 0.02%。广泛用于调制各种高档香烟、名酒、特级茶叶，是各类糕点、糖果、奶油、咖啡、巧克力等高档食品和饮料的配香原料，素有“食品香料之王”的美誉。适于海南省万宁、琼海、定安等地种植。

二、大花香草兰

1. 分布 大花香草兰又称西印度瓜德罗普香草兰，有时也称香草精（Vanillon）、西印度香草兰（West Indian vanila）或南美洲香草兰（South American vanilla）。原产于中美洲、特立尼达岛、墨西哥东南部及南美洲北部。主要分布于特立尼达和热带美洲如墨西哥、尼加拉瓜、巴拿马、哥伦比亚、委内瑞拉、厄瓜多尔等地，西印度群岛的马提尼克和瓜德罗普也有种植。

2. 形态特征 正常管理水平下，原产地大花香草兰植后1～2年即可开花。大花香草兰茎蔓长，分枝多，叶肥大，叶面深绿色，有光泽；叶背浅绿，无光泽；叶长15～25厘米，宽5～12厘米，厚约3毫米，叶脉较多，其他特征与墨西哥香草兰相似。花序呈开放型，梗短，轴粗，每个花序有6～12朵小花，花朵较大且多肉质，唇瓣在花盘中央有丛生的鳞片而不是绒毛，花被浅黄白色至浅黄绿色；花有酸橙气味。荚果较粗，呈三角形，肉质较厚，长10～18厘米，直径1.6～3.3厘米，香味很浓，成熟后变深褐色。种子倒卵形，平滑光亮，黑色，长0.4毫米，荚果成熟时不爆裂（图3-7至图3-9）。

图3-7 大花香草兰的植株

图3-8 大花香草兰的花

图 3-9　大花香草兰的果荚

3. 生物学特性　大花香草兰是典型的热带雨林兰科植物，在其生长发育期间，也需要温暖、湿润、雨量充沛而又不过多及具有一定荫蔽度的气候环境。该种对温度和土壤条件的要求不如墨西哥香草兰高，抗根腐病，是香草兰三大栽培种之一。在海南兴隆地区种植，3 月开花，11～12 月果实成熟。

4. 经济价值　经生香加工后的大花香草兰豆荚手感柔软、肉质，纤维少。经测定香兰素含量不到 0.05%，但有特殊的甜香，香气特征有别于墨西哥香草兰，这可能是二者挥发性香气成分在组成和含量上差异所致。其品质次于墨西哥香草兰，常用作烟草、肥（香）皂、香水、医药、酿酒、兴奋剂的调香料。

三、塔希提香草兰

1. 分布　塔希提香草兰（Tathitian vanilla）是塔希提的本地种，主要分布于太平洋法属社会群岛的塔希提等岛屿上，已有 100 年以上的栽培历史。据记载，夏威夷和留尼汪也曾少量种植此种。

2. 形态特征　茎蔓较细长，茎粗仅0.4厘米，节间长5厘米。叶片呈椭圆形，较窄，大小为（12～14）厘米×（2.5～3）厘米，约有20条纵脉。总状花序，花稀少，黄绿色，花被较长，唇瓣较萼片短，花瓣和萼片很相似，长约6厘米，宽1厘米。荚果短，红棕色，长12～14厘米，宽0.9～1.0厘米，扁平，中部较宽，后逐渐变小。种子倒卵形，大小0.4毫米×0.33毫米，有光泽，黑色，表面呈网状。

3. 生物学特性　本种是常规栽培种，也是目前世界上香草兰三大栽培种之一。在其生长发育期间，也需要温暖、湿润、雨量充沛而又不过多及具有一定荫蔽度的气候环境；物候期和墨西哥香草兰相近。

4. 经济价值　经生香加工后的塔希提香草兰豆荚，香气特征有别于墨西哥香草兰，荚果含茴香醇，而墨西哥香草兰的荚果不含此物，这可能是二者挥发性香气成分在组成和含量上差异所致，品质次于墨西哥香草兰，其产品市场价格低于墨西哥香草兰。

四、其他香草兰品种

据记载，除以上3个主要栽培种外，在波多黎各联邦试验站内保存有多个香草兰品种，主要用于与墨西哥香草兰杂交培育更抗根腐病的新品种。除大花香草兰较抗根腐病外，其他两种*V. phaeantha* Reichenbach和*V. barbellata* Reich明显不受该病菌侵染。*V. phaeantha*的果荚近圆柱体形，顶部大于基部，长仅7.5～10.2厘米。*V. barbellata*明显不同于其他种，其叶片很小，似苞片，生长力相对较弱，或许是由于其光合作用受限制的原因，每个花序所含小花不到10朵。果荚大小中等，圆柱体，软而有弹性，向尾部逐渐缩小。另据资料报道，在留尼汪保存有尚未扩大种植的杂交种IRAT 55295，其豆荚香兰素含量高达7.1%。

第四章 种植管理技术

第一节　种苗繁育方法及种苗标准

一、种苗繁育方法

（一）无性繁殖

种苗繁育圃建设要求靠近水源、排水良好、土壤疏松，如土壤偏酸用熟石灰调节土壤 pH 至 6.5～7.0。土地平整后，整理成宽 0.8～1.0 米、高 15～20 厘米的苗床。在苗床上洒一层腐熟的有机肥后覆盖 5 厘米厚的椰糠或其他疏松透气的植物粉碎物。

用手指划开椰糠等覆盖物成一条浅沟，将切口消毒处理后的 2～4 个茎节插条蔓（长 40～50 厘米）平置于浅沟内，茎节处盖上覆盖物，插条两端及叶片露出（图 4－1、图 4－2）。淋足水，以后视土壤湿润程度适时淋水，每隔 3～4 天检查一次病害。发现病叶、病蔓及时清除并喷杀菌剂保护。新抽茎蔓长 20～30 厘米以上便可出圃定植。

图 4－1　香草兰无性繁殖圃

图 4－2　露出插条两端及叶片

（二）有性繁殖

香草兰与其他兰科作物一样，也可用种子通过杂交和选育的方式进行繁殖。在自然条件下，香草兰种子很少萌芽，若为其提供适当的湿度、温度和充足的养分等条件，可有少量发芽。

香草兰种子萌芽首先是种皮破裂，从种皮破裂到形成叶原基需 150 天以上，因此香草兰的有性繁殖在生产中一般不采用，只用于杂交育种。

（三）组织培养

通过外植体→愈伤组织→原球茎→再生植株这一过程，可实现香草兰快速繁殖。以愈伤组织或原球茎为转化材料经转化、筛选和培养可获得较纯的转基因植株，从而培育香草兰抗病新品种。液体培养条件下香草兰种子萌发及组培苗见图 4－3、图4－4。

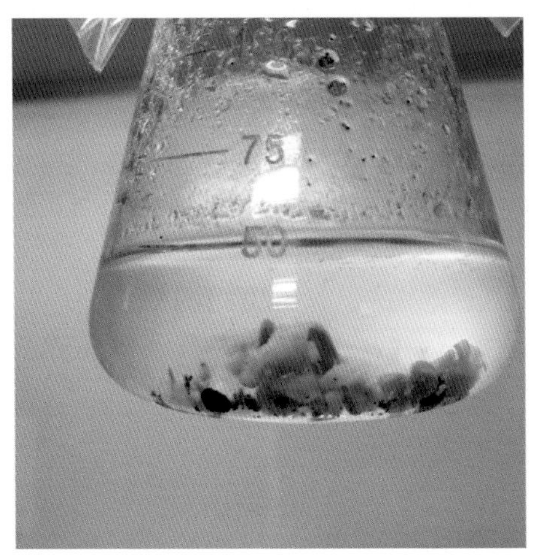

图 4－3　液体培养条件下香草兰种子萌发

图 4－4　香草兰组培苗

二、种苗标准

（一）母蔓标准

选取增殖圃中1～3年生长健壮、尚未开花结荚的母蔓，去除尾部未发育成熟的茎节后，切割成若干条作为种苗直接定植。采用1～1.5米的母蔓定植可缩短香草兰的非生产期。母蔓质量指标见表4-1。

表4-1　母蔓分级指标

项　目	级　别	
	一级	二级
母蔓长度（厘米）	80≤母蔓长度≤100	60≤母蔓长度<80
母蔓粗度（毫米）	≥8	6≤母蔓粗度<8
腋芽（个）	≥5	4

（二）插条苗标准

在缺少母蔓的条件下，选取繁殖苗圃中繁育2～3个月、茎蔓长20～30厘米（抽生点以上至尾部稳定叶片的长度）的插条苗作为种苗。这种插条苗相对细长，可以快速繁育大量种苗，是大田生产的主要育苗方式。插条苗标准见表4-2。

表4-2　插条苗标准

项　目	级　别	
	一级	二级
根节数（个）	≥3	2
新蔓长度（厘米）	≥40	30≤新蔓长度<40
新蔓粗度（毫米）	≥6	4≤新蔓粗度<6

三、种苗的包装、贮存和运输

香草兰种苗在出圃前要进行种苗质量检验，并将检验结果记录于香草兰种苗质量检测表（表4－3、表4－4）。

表4－3　香草兰插条种苗质量检测记录表

品　　种：__________　　No：__________

育苗单位：__________　　购苗单位：__________

出圃株数：__________　　抽检株数：__________

样株号	插条长（厘米）	插长节数（个）	根节数（个）	新蔓长（厘米）	新蔓粗（厘米）	病虫害	初评级别

审核人(签字)：　校核人(签字)：　检测人(签字)：　检测日期：年　月　日

（一）包装

无论是直接割取母蔓，还是繁殖苗圃起苗，取苗后均要喷施50％多菌灵可湿性粉剂500倍液消毒。然后用草绳、麻袋或纤维袋等透气性材料捆绑头尾，两头开口，每捆捆绑50株，包裹时喷洒水雾进行保湿。包裹外要附有种苗质量检验证书（表4－5）和种苗标签（图4－5，标签用150克的牛皮纸，标签孔用金属包边），以便识别。

表 4-4　香草兰母蔓种苗质量检测记录表

品　　种：＿＿＿＿＿＿　　　　No：＿＿＿＿＿＿

育苗单位：＿＿＿＿＿＿　　　　购苗单位：＿＿＿＿＿＿

出圃株数：＿＿＿＿＿＿　　　　抽检株数：＿＿＿＿＿＿

样株号	母蔓长（厘米）	母蔓粗（厘米）	嫩梢	腋芽数（个）	叶片数（片）	病虫害	初评级别

审核人(签字)：　校核人(签字)：　检测人(签字)：　检测日期：年　月　日

表 4-5　香草兰种苗质量检验证书

No：＿＿＿＿＿＿

<table>
<tr><td>育苗单位</td><td></td><td>购苗单位</td><td></td></tr>
<tr><td>种苗株数</td><td></td><td>品种</td><td></td></tr>
<tr><td>母株来源</td><td></td><td>母株品种</td><td></td></tr>
<tr><td>检验结果</td><td colspan="3">其中：一级：　株　　二级：　株</td></tr>
<tr><td>检验意见</td><td colspan="3"></td></tr>
<tr><td>证书签发期</td><td></td><td>证书有效期</td><td></td></tr>
<tr><td colspan="4">注：本证一式叁份，育苗单位、购苗单位、检验单位各壹份。</td></tr>
</table>

审核人(签字)：　　　校核人(签字)：　　　检测人(签字)：

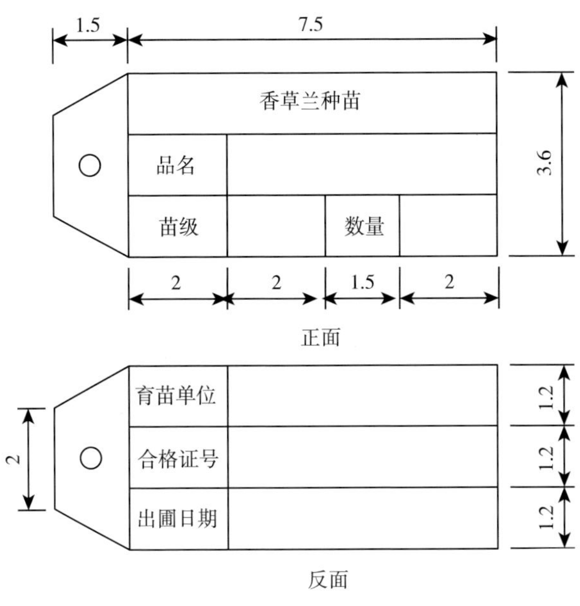

图 4－5　香草兰种苗标签图

（二）运输

香草兰种苗运输要及时，以保证质量。用汽车运送种苗时，装苗前车厢应先垫一层保湿材料，并分层装卸，每层叠放不超过 3 捆为宜。运输途中应保持通风、透气、保湿、防晒、防雨。

（三）贮存

香草兰种苗到达目的地后应及时接收，卸车后将种苗摊放在阴凉处。母蔓苗应炼苗 1～2 天后于晴天定植；插条苗最好当天起苗当天定植，若需次日定植，必须淋水保湿，不宜拖延至第三天才定植。

第二节　园地选择及规划

一、园地选择

选择年均气温不低于 23℃、最冷月平均气温不低于 17℃，近水源、排水良好、地下水位距地表 1 米以上，有良好防风屏障，坡度 10°以下缓坡地或平地；土层深厚、质地疏松、物理性状良好、有机质含量丰富、比较肥沃的微酸性或中性土壤（沙壤土、沙砾土、黑色石灰土或砖红壤或沉积土）建立香草兰种植园。

二、园地开垦

香草兰种植园的开垦应注意水土保持，根据不同坡度和地形，选择适宜的时期、方法和施工技术进行开垦。平地和坡度 10°以下的缓坡地等高开垦；坡度在 15°以上的园地不宜种植香草兰。园地开垦深度在 50 厘米以上，在此深度内有明显障碍层（硬塥层、网纹层或犁底层）的土壤要深翻破除并清理干净。

三、种植园规划

在较空旷地建立香草兰种植园必须设置防护林（图 4－6），每 2 公顷设主防风林带，每 0.5 公顷设副防风林带，可设计成“田”字形，既可减少风害损失，又可使种植园内形成一个静风多湿的优良小环境。

香草兰的生长既需充足的水分供应，又要求遇暴雨时能迅速

将多余的积水排出。建园时宜建立种植园节水灌溉系统（图 4-7），同时必须科学规划设置排水系统。种植园内除设主排水沟以外，还应以 2 000 米^2 为一小区，区间设置排水沟，并与主排水沟相通。保证雨季排水畅通，以免积水，烂根致病。排水系统见图 4-8。

图 4-6　香草兰园防风林

图 4-7　香草兰园喷灌系统

图 4-8　香草兰园内排水系统

此外，根据香草兰种植园规模、地形和地貌等条件，设置合理的道路系统（图 4－9），包括主道、支道、步行道和地头道。大中型种植园以加工厂总部为中心，与各区、片、块有道路相通，规模较小的种植园设支道、步行道和地头道即可。种植园与四周荒山陡坡、林地及农田交界处应设置隔离沟。

图 4－9　香草兰园内道路

第三节　种植模式与定植

目前，我国香草兰宜植区主要有人工荫棚设施栽培、林下复合栽培和隔土栽培三种种植模式。

一、人工荫棚设施栽培

人工荫棚设施栽培是我国香草兰种植普遍采用的模式。

（一）荫棚系统设置

该设施主要由主体棚架系统、电动遮阳系统、喷水系统和控制系统组成。

主体棚架系统由棚架支架和攀缘柱等组成。攀缘柱的材料可用石柱、水泥柱或木柱等，但最好用石柱或水泥柱，这样更经久耐用。攀缘柱之间设双列横架，使香草兰植株充分利用空间攀缘，材料以镀锌铁线为主，不易生锈、变形或断裂。棚架可因园地不同而设计不同。根据多年的研究证明，在海南香草兰植区棚架高度 2.0 米较为适宜。为便于授粉操作及田间管理，攀缘柱不宜过高，一般以露地 1.2～1.4 米为宜。攀缘柱间距及行距为 1.2 米×1.8 米，3.6 米×3.6 米处为棚架支柱（高柱），即隔 2 个攀缘柱及 1 行攀缘柱设一棚架支柱（图 4-10、图 4-11），棚架支柱的规格为（12～15）厘米×（10～12）厘米×（260～280）厘米（宽×窄×高），入土深度为 60～80 厘米；攀缘柱规格为（10～12）厘米×（8～10）厘米×（160～180）厘米，入土深 40 厘米。

电动遮阳系统由带有行程控制的专用电机、钢管传动轴、托幕线、拉幕线、导向轮、特质铝合金型材拉幕杆等组成，既可手动开关，又可由自动控制系统通过行程开关实施电动控制。遮阳网遮光率为 50%～70%，走向与香草兰行向垂直，并固定于棚架顶部。垂直行的网上部再架设钢筋或铁线，增强抗风性能。

喷水系统包括阀门、过滤器、聚乙烯管、钢丝绳、毛管、倒挂喷头等。荫棚外部要求有一定压力和流量的水源进入荫棚，水压达到系统设计压力，水质达到自来水洁净程度。采用国产倒挂喷头，其标准工作压力为 0.1 兆帕，最高承受压力 0.3 兆帕，可由自动控制系统控制或手动控制。

控制系统作用是控制外遮阳系统和顶喷淋微喷灌的启闭，用于网室内温度、湿度、光照和灌溉的控制。

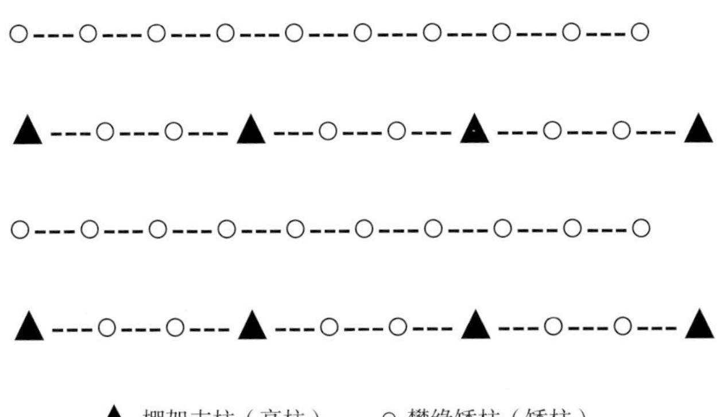

图 4－10　香草兰棚架支柱分布平面图

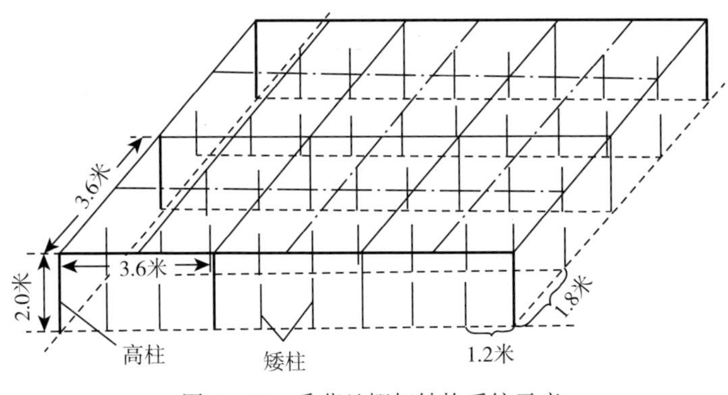

图 4－11　香草兰棚架结构系统示意

（二）植前准备

荫棚系统建好后，即可起畦。整地起畦前先将植地全垦翻晒、风化、耙碎、除净杂草杂物并用石灰粉进行土壤消毒处理。

畦面龟背形，走向与攀缘柱的行向一致，畦面宽 80 厘米、高 15～20 厘米，攀缘柱在畦的中央（图 4－12）。然后，在整理好的畦面上撒施腐熟有机肥 7 500 千克/公顷，并与土层混合均匀。最后，在每 2 条攀缘柱间投放腐熟椰糠（或用杂草、枯枝落叶等替代）3～5 千克，并摊匀，创造一个土层疏松、通透能力强、有机质含量高的良好生长环境条件。

图 4－12　畦　面

（三）定植

在温度较高（日均温 20～25℃）的季节定植香草兰有利于生根发芽，在海南一般 4～5 月或 9～10 月定植较为适宜。母蔓种苗切口用药剂（1%波尔多液等）消毒处理，以免病菌感染，将处理后的种苗置于阴凉处饿苗 1～2 天。定植时，用手指或棍子在攀缘柱左右两边各划一条深 2～3 厘米的浅沟，将苗平放于浅沟内，在茎节处盖上 1～2 厘米厚覆盖物（图 4－13）。苗顶端

指向攀缘柱，整理叶片和切口，使其露出覆盖物，防止覆盖物掩盖造成损伤而感染病菌烂苗。茎蔓顶端用细绳轻轻固定于攀缘柱上（图 4 - 14），以便凭借气生根攀缘生长；定植插条苗时要用覆盖物将新根盖住，以便植后能快速恢复生长。植后淋足定根水，据天气情况适时淋水，一般隔 2～3 天淋水 1 次。标准化种植的香草兰园见图 4 - 15。

图 4 - 13　苗平放于畦面，盖覆盖物

图 4 - 14　用细绳固定茎蔓

图 4 - 15　标准化种植的香草兰园

（四）特点

该设施荫棚采用钢架结构，坚固耐用，增强了抗台风强度，减少因台风、强降雨造成设施大面积损坏；设计了自动喷水系统，实现自动加湿和降温，感应系统可根据网室内的温、湿度情况，将水均匀地喷洒到香草兰茎、叶、根部和土壤区域；电动遮阳系统，可根据香草兰需要的温度、湿度、光照等情况进行调节；设置了完善的排水系统，杜绝了因强降雨导致香草兰园积水发生根茎腐烂等问题。

该模式种植规范，管理效率高，可节省大量的人力成本，但荫棚建造费用一般45万～75万元/公顷，建设成本较高，且不便于间/套作、轮作，长期单一种植，易发生连作障碍，影响产量和品质。

（五）连作障碍形成原因及消减技术

1. 连作障碍形成原因 连作障碍是指在同一块土壤中连续种植同一种作物或近亲缘作物时，即使在正常的栽培管理条件下也会出现长势变弱、病虫害加剧、产量和品质下降等现象。

引起作物连作障碍的原因较复杂，大致包括以下几种：①土壤养分缺乏；②土壤盐渍化；③酸化、板结等土壤理化性状恶化；④作物根系分泌物自毒作用；⑤土壤微生物群落结构失衡，土传病害加剧。研究表明，香草兰园根际土壤真菌多样性随种植年限增加而增加，细菌多样性无显著变化；与根茎腐病病情指数呈显著负相关的厚壁菌门、放线菌门、拟杆菌门和担子菌门随种植年限增加显著下降，而与之呈正相关的病原真

菌尖孢镰刀菌数量显著增加；随种植年限的增加，土壤有效氮、有效磷、有效钾、有机质、钙、镁等矿质养分，有机质含量、土壤离子交换量等均在适宜香草兰生长的范围内（表4-6）。土壤微生物区系失衡可能是引起设施荫棚栽培香草兰连作障碍的主要原因。

表4-6　种植年限对香草兰园土壤理化性状的影响

（摘自 Xiong et al.，2014）

种植年限	pH	EC（微西门子/厘米）	有机质（克/千克）	有机氮（毫克/千克）
1年	4.90±0.05 a	151.73±2.70 c	32.19±1.07 a	71.96±3.13 b
6年	5.95±0.04 b	80.22±1.33 b	29.09±1.40 a	58.35±1.84 a
11年	5.87±0.11 b	70.74±1.30 a	38.79±1.76 b	79.99±4.12 c
21年	6.38±0.09 c	70.14±1.20 a	35.87±0.41 b	82.52±1.16 c

种植年限	有效磷（毫克/千克）	有效钾（毫克/千克）	可交换性钙（毫克/千克）	可交换性镁（毫克/千克）
1年	130.68±2.08 a	159.94±0.15 d	269.27±11.99 a	20.27±0.06 c
6年	187.65±7.10 b	83.45±1.78 b	360.70±3.42 b	20.30±0.06 c
11年	229.90±1.73 c	75.52±0.94 a	412.96±2.42 c	18.98±0.08 b
21年	336.36±7.08 d	98.85±1.98 c	458.84±0.95 d	18.41±0.08 a

2. 连作障碍消减技术　目前，作物连作障碍消减技术主要

有：合理施肥灌溉以平衡土壤养分，稀释淋溶土壤中积累的盐分；调整栽培制度，合理轮作/间作，如西瓜、甜瓜、草莓等与水稻、大蒜等轮作，胡椒与槟榔间作均可减轻土传病害，消减连作；施用植物残体、绿肥、蚯蚓粪、生物质炭、土壤调理剂、石灰等土壤改良剂，以增加土壤团粒结构，改善土壤通透性和酸碱度；采用土壤消毒剂杀菌、高温熏蒸等进行连作土壤消毒灭菌，减少/消除土壤有害微生物；土壤接种有益微生物拮抗菌或施用由拮抗菌与有机载体发酵制得的微生物有机肥，以抑制土传病原菌生长繁殖，降低病原菌数量，减轻病害发生，消减连作；选育应用抗性优良品种，同一作物的不同品种对逆境的抗性有较大差异，如抗根结线虫番茄品种、抗枯萎病香蕉品种等，抗性品种的选择应用也是消减连作重茬的措施之一。

前期研究证明，土壤微生物区系失衡是引起香草兰连作障碍的主因。生产上，可以采用施用微生物有机肥、林下复合栽培、隔土栽培等方式消减香草兰连作障碍。

微生物有机肥法：从市场上选择对病原真菌（尖孢镰刀菌）具有拮抗作用的微生物有机肥，或选用可拮抗病原真菌的微生物菌剂（一般为木霉、芽孢杆菌、伯克霍尔德氏菌等），与牛粪有机肥、猪粪有机肥、羊粪有机肥、鸡粪有机肥、菜粕氨基酸有机肥等按照一定比例混合，湿度控制在45%左右，置阴凉处进行二次固体发酵，发酵期间注意温度和湿度的变化。对于连作障碍严重的老龄园，拔除原有香草兰植株，深翻土壤，用土壤消毒剂熏蒸土壤，晾晒1～2个月后以微生物有机肥作为基肥种植；连作障碍较轻的种植园，直接在畦面施用微生物有机肥，每年施用2次，每次7.5～12吨/公顷。

二、林下复合栽培

（一）林下复合栽培的可行性和意义

光是植物进行光合作用制造养分的必要条件。香草兰为热带附生攀缘藤本植物，其生长所需养分主要由气生根吸收供给，且香草兰属半阴性植物，喜朝夕阳光、斜光，忌强光烈日和寒风，需要科学设置攀缘支柱并要求适度的荫蔽，因而适宜林下种植。林下复合种植，可为香草兰提供一定的荫蔽度，充分利用光、热、水、土地等自然资源，解决经济林非生产期长无产出的问题，达到以短养长，提高资源利用率，并对防止水土流失，恢复地力，改善土壤理化性状和微生物环境，保持生态平衡、改善农林生产环境、消减连作和提高经济效益等具有重要的作用。

（二）林木选择

一般选择天然次生林树木或人工种植的经济林，如椰树、橡胶、槟榔（图 4－16)、雨树（图 4－17)、龙眼（图 4－18)、油棕、西番莲、蛋黄果、荔枝、莲雾等，或人工种植速生、耐修剪、根系深直、粗生、分枝低矮疏散且病虫害不与香草兰病虫害相互侵染的树种作为活支柱，以控制活支柱的树冠来调节园内荫蔽度。国外常用的荫蔽树种有木麻黄、麻疯树、甜荚树、番石榴、银合欢、芒果、菠萝蜜、刺桐、龙血树、毒鼠豆树、甜橙等，也有在次生林下种植（图 4－19)。但采用活荫蔽种植香草兰，荫蔽树与攀缘柱同为一体，高度和荫蔽度难以恰当配合，不易实施精细管理，产量较低。

图 4 - 16　槟榔林下种植香草兰

图 4 - 17　雨树下种植香草兰

图 4 - 18　龙眼树下种植香草兰

图 4-19 次生林下种植香草兰

（三）植前准备与定植

选择的经济林或次生林地应靠近水源、排水良好、土壤质地疏松、物理性状良好、有机质含量在1.5%以上，林地为平地或缓坡地。林下种植可分为行上种植和行间种植。不分枝树种如槟榔、椰子等，行上种植时应在行上起畦，林木在畦面中间；起畦前垦地、耙碎、除去杂草杂物；畦面呈龟背形，走向与林木行向

图4-20　设置遮阳网

一致，畦面宽 80 厘米，高 10～15 厘米；在行上树木之间引拉攀缘铁线，铁线距离畦面或在林木离地 1.2～1.4 米处设置攀缘架。如龙眼、银合欢、莲雾、菠萝蜜等有分枝的树种，行上种植可不起畦，直接将香草兰盘绕于树干分枝上。在林木行间种植香草兰，应在林木行间栽种攀缘柱。攀缘柱可为石柱、水泥柱或木柱等，在生产上应用较多的为石柱。石柱规格及定植与设施荫棚栽培相同。

（四）荫蔽度调节

适宜香草兰生长的荫蔽度为 50%～70%。荫蔽度低于 50%的种植园，要按照香草兰的走向设置遮阳网（图 4－20），遮阳网高度距离地面 2～2.5 米。荫蔽度高于 70%的种植园，要及时修剪掉多余的枝叶。修剪成伞形待种植香草兰的荫蔽树（菠萝蜜树）及其种植园见图 4－21 至图 4－23。

图 4－21　修剪成伞形待种植香草兰的菠萝蜜树

图 4－22　待种植香草兰的菠萝蜜种植园

图 4-23 菠萝蜜树下间种香草兰

（五）养分管理

施肥量和施肥时期根据荫蔽树和香草兰养分需求规律而定。一般香草兰每年施有机肥 2～3 次，有机肥薄撒于畦面上，施肥量以每次 7 500～9 000 千克/公顷为宜。在香草兰生长的不同时期均需追肥，追肥以化肥或液态有机肥为主，化学肥料或液态有机肥溶解于水中，按照 0.1%～0.5%的浓度喷施，每月喷施 1～2 次。

（六）特点

林下复合栽培可充分利用林下闲置自然资源，且无需搭建荫棚架构，生产投入成本大幅降低；另外，该模式可为香草兰提供湿润的小气候环境，维护生态环境多样性，利于香草兰根系及茎蔓生长，并对预防或消减连作障碍有积极作用。在生产中适宜大规模推广应用。

三、隔土栽培

（一）背景意义

香草兰为多年生作物，随着种植年限增加，土壤微生物区系失调，土壤有益微生物数量和种群减少，土传病原菌数量增加，土壤微生物多样性趋于单一，出现连作生物障碍，植株长势变弱，豆荚产量和品质下降，对农民造成较大经济损失，严重影响了产业可持续发展。

合理轮作是解决作物连作生物障碍的有效措施。然而，香草兰种植园人工设施荫棚造价较高，且园内设有攀缘支柱，轮作其他经济作物基本不可行。隔土栽培是以固态栽培基质替代天然土壤栽培作物的一种栽培模式，可以有效地克服设施化栽培中土壤盐渍化、土传病害等连作障碍问题，实现在不适宜种植作物的地方周年种植，有效提高单位面积产量和质量，并且可实现农业类固体有机废弃物的资源化利用，有利于生态环境的友好型发展。在未种植过香草兰的园地或者经济林下也可应用该模式，畦面铺设或不铺设隔离地膜均可。

（二）攀缘支架建立及定植

攀缘支架主要由底板、支撑立柱、填料围网和排水孔四部分组成。底板和垂直固定于底板上的支撑立柱构成了攀缘支架主体，用于盛放香草兰栽培基质或营养物质的填料围网以支撑立柱为轴，垂直固定于底板上，在底板上设有排水孔；填料围网的孔隙大小根据填料或基质的需求选取。

底板一般为塑料薄膜，便于田间操作。支撑立柱即香草兰攀缘支柱，石柱、木柱或水泥柱均可。填料围网为铁丝网，网格大小根据填充物大小而定，一般为 2 厘米×2 厘米至 3 厘米×3 厘米。沿围网内圈覆盖一层遮阳网、黑色尼龙网或塑料网，以免填充物外漏。攀缘支架见图 4－24。

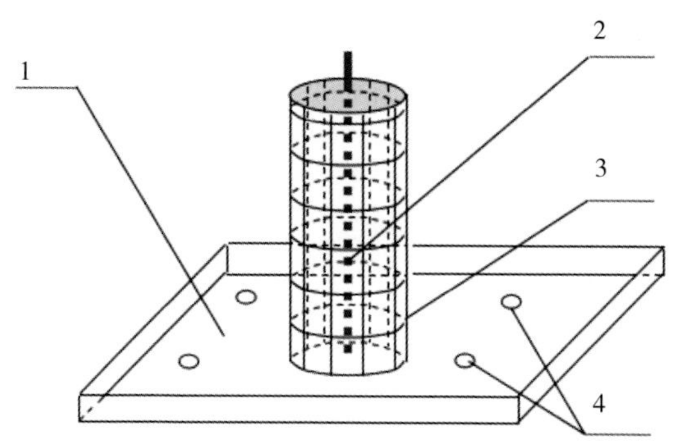

图 4－24　香草兰攀缘支架示意

1. 底板　2. 支撑立柱　3. 填料围网　4. 排水孔

建立攀缘支架前平整土地，按照人工设施荫棚栽培模式架设攀缘支柱，根据攀缘支柱走向铺设底板薄膜，薄膜宽度与常规畦面宽度相同。在底板上面覆盖椰糠等栽培基质和有机肥，覆盖物高度 3～5 厘米。以攀缘支柱为中心放置填料围网，并在围网内添加填充物。填充物一般为 2 厘米×2 厘米大小的椰壳，以便香草兰茎蔓攀缘，根系吸收水分和养分。香草兰畦面周围用椰壳或限根器围拦，以免雨水冲刷覆盖物。

定植方法同本节一、（三）所述，将香草兰茎蔓轻轻绑于攀缘支架外围，茎蔓顶端及叶片露出覆盖物。在新植园不需铺设隔土地膜。种植流程见图 4－25 至图 4－32。槟榔林下隔土栽培流程见图 4－33 至图 4－36。

图 4-25　填充攀缘柱

图 4-26　铺防草布，加限根器

图 4-27　固定限根器

图 4-28　固定后的限根器

图 4－29　铺覆盖物

图 4－30　定植，固定茎蔓

图 4－31　叶片露出覆盖物

图 4-32　定植完毕的香草兰园

图 4-33　铺设地膜

图 4-34　覆盖有机肥及栽培基质

图 4-35　放置填料围网并添加填充物

图 4-36　定植后的种植园

（三）架构日常维护

定期检查围网内填充基质，若有外漏或腐烂造成填充物减少，需及时给予补充。遇干旱天气，用水管或洒水桶将围网内填充物充分淋湿，便于根系吸收水分。根据香草兰养分需求，可在其生长发育的不同时期淋水肥，肥料用水稀释 200～1 000 倍，淋至填充物变湿即可，以满足香草兰对水肥的需求。

（四）特点

该模式可有效避免香草兰生长过程中和土壤接触，从而有效减轻连作障碍对香草兰生产的影响；该支架可填充栽培基质，起到透气、保水和保肥的效果，利于香草兰根系和茎蔓生长。另外，该架构使用方便，便于移动，适合大规模种植；制作成本较低，将该支架直接摆放于香草兰园内适当位置即可，不用深埋，且支撑立柱为刚性支撑，结构稳固，在品种更新或重新定植时较为方便。

第四节　田间管理

一、土壤管理

香草兰适宜在微酸性至中性土壤生长。土壤 pH 低于 6.0 的种植园，宜施用白云石粉、石灰等调节至 pH 6.0～7.0 的范围；土壤 pH 高于 7.0 的种植园，则用硫酸铵、氯化铵等生理酸性肥料调节至适宜的范围。定期监测香草兰种植园土壤肥力水平和重金属元素含量，一般两年检测一次，根据检测结果有针对性地采取土壤改良措施。生产中常采用施用（生物）有机肥、石灰、放养蚯蚓等措施改良土壤。

二、水肥管理

(一) 营养特性

1. 养分的分布情况

(1) 不同器官养分的分布

幼龄香草兰(植后1～3年)　未开花结果的植株为幼龄香草兰,其根∶茎∶叶干重比为1∶3.56∶3.95,根冠比为1∶7.6,全株氮(N)、磷(P)、钾(K)、钙(Ca)、镁(Mg)养分含量的比值为1∶0.1∶1.39∶1.22∶0.33(表4-7、表4-8)。

表4-7　幼龄香草兰各器官生物量(干重,克/株)

器官	根	茎	叶	全株
生物量	1.005	3.580	3.970	8.555

表4-8　幼龄香草兰养分含量及养分吸收量

项目	N	P	K	Ca	Mg
植株养分含量(%)	2.27	0.23	3.15	2.76	0.74
整株养分吸收量(克/株)	0.192	0.020	0.265	0.236	0.063

成龄香草兰(植后第四年起)　开始开花结果的植株为成龄香草兰,其根∶茎∶叶∶果荚干重比为1∶6.96∶4.9∶0.86,根冠比为1∶12.7,全株吸收N、P、K、Ca、Mg养分含量的比值为1∶0.24∶1.39∶1.18∶0.48,其中叶片N∶P∶K∶Ca∶Mg=1∶0.24∶1.36∶1.93∶0.36,茎N∶P∶K∶Ca∶Mg=1∶0.24∶

1.49∶0.61∶0.61，根 N∶P∶K∶Ca∶Mg＝1∶0.15∶0.54∶0.56∶0.46，果荚 N∶P∶K∶Ca∶Mg＝1∶0.35∶2.22∶1∶0.16（表 4－9）。

表 4－9　成龄香草兰各器官干重及养分吸收量（克/株）

器官	干重	N	P	K	Ca	Mg
地下根	19.58	0.364	0.059	0.166	0.172	0.192
气生根	15.08	0.241	0.033	0.160	0.166	0.087
根（合计）	34.66	0.605	0.092	0.326	0.338	0.279
茎	241.11	3.860	0.940	5.760	2.340	2.360
叶	169.92	3.520	0.830	4.770	6.810	1.270
果荚	29.97	0.306	0.108	0.680	0.306	0.050
合计	475.66	8.290	1.970	11.540	9.790	3.960

幼龄和成龄香草兰整株吸收养分量的大小顺序均为 K＞Ca＞N＞Mg＞P，从整株来看香草兰 K、Ca 含量大，其中叶片 Ca 含量最高，占整株 Ca 含量的 69.6%。香草兰 Ca 吸收量比其他热带作物高得多，是一种典型的喜钙作物。

（2）不同叶位养分含量　自顶端向下数，第 1～6 片叶之间 N、P、K、Ca、Mg 等养分差异不显著；以 5 个叶序为一组时，N 在第 1～5 叶序中的含量显著高于第 6 叶序以上的叶片；P、K 含量在各叶序间无差异（表 4－10）。

氮　N 含量以 1～5 片叶最高，极显著高于其他叶片，以后随叶龄增大，叶片 N 含量降低，可见香草兰叶片中的 N 素随着叶片老化不断向外输出，其再利用率很高。

表 4-10　不同叶位养分含量（%）

元素	叶位					
	1～5	6～10	11～15	16～20	21～25	26 以上
N	2.53	2.15	1.99	1.96	1.93	1.88
P	0.49	0.48	0.51	0.51	0.50	0.47
K	3.02	2.83	2.70	2.60	2.80	2.87
Ca	3.16	3.85	4.20	4.38	4.32	4.45
Mg	0.56	0.67	0.77	0.82	0.84	0.87

磷　叶位含量变化很小，在 P 素营养供应水平高的高产香草兰园，生长消耗和供应达到平衡，不因幼嫩组织生长而消耗老叶中的 P。

钾　K 在体内流动性很大，K 不足时，优先向幼嫩组织分配，上下叶位叶片 K 含量会出现明显的梯度，但 K 供应充足时上下叶位 K 含量无明显差异。香草兰正常植株叶片 K 含量以第 1～5片叶最高，以后逐渐下降，第 20 片叶后又回升，说明香草兰顶部快速生长需要较高浓度的 K 是由靠近顶部的老叶转移，而使第 11～20 片叶 K 浓度降低。

钙　Ca 含量随叶龄增大而增加，其中 Ca 含量 1～5 片叶显著低于 10 片以上叶片。Ca 在植物体内流动性很小，而且香草兰需 Ca 量很大，缺 Ca 会对其分生组织产生严重影响。

镁　Mg 含量随叶龄增大而增大，其中 Mg 含量 1～5 片叶显著低于 16～20 叶位以上叶片。Mg 能够通过韧皮部运输，在植株体内移动性较大，但香草兰需 Mg 量较小，当 Mg 供应充足时，植株吸收的 Mg 会在根茎或较老的叶片中积累，故香草兰植

株 Mg 含量呈现出根、茎＞叶片＞果荚，叶片中叶龄较老的大于幼嫩叶片。

2. 对钙的需求　香草兰是典型的喜钙作物，钙是影响香草兰生长和高产稳产的重要营养元素。正常植株叶片钙的含量范围达 3.55%～4.55%，叶片钙含量占整株吸收量的 69%；香草兰正常生长适宜的土壤 pH 范围为 6.0～7.0，而且耐碱性比耐酸性强，施钙肥不仅提高土壤 pH 和增加植株对钙的吸收，而且对香草兰生长产生明显的促进作用。因此，在海南酸性土壤上种植喜钙的香草兰，施用适量石灰是高产栽培的重要措施，但石灰要与有机肥相结合施用，以免造成土壤板结，影响土壤质量。

3. 对磷的需求　缺 P 导致香草兰生长不良，并使根、茎坏死，而缺 N、K 虽然也出现生长不良，但不会导致植株组织坏死。香草兰 P 素水平高而稳定，种植园就会长期高产稳产。由于香草兰根冠比小，根量少、根毛稀疏，根系对 P 的吸收能力弱，对缺 P 忍耐力低，且海南土壤对 P 吸附作用强烈，土壤普遍缺 P，因此要求土壤有效 P 维持较高的水平，即土壤有效 P（0～10 厘米的根层）达到 150 毫克/千克才能满足香草兰的需求。

（二）水肥高效利用技术

因地制宜，根据土壤供肥性能、香草兰营养特性和肥料施用效应，调整肥料施用结构，合理施用，改善和提高土壤肥力，实现香草兰可持续发展；稳定产量，改善品质，防止重金属污染和激素类物质超标；全面推广平衡施肥。香草兰合理的施肥量为年施氮 40～60 克/株、五氧化二磷 20～30 克/株、氧化钾 60～100 克/株。

表 4-11　香草兰种植园宜使用的肥料表

分类		名　称	简　介
农家肥料	1	堆肥	以各类秸秆、落叶、人畜粪便堆制而成
	2	沤肥	堆肥的原料在淹水条件下进行发酵而成
	3	家畜粪尿	猪、羊、马、鸡、鸭等畜禽的排泄物
	4	厩肥	猪、羊、马、鸡、鸭等畜禽的粪尿与秸秆垫料堆成
	5	绿肥	栽培或野生的绿色植物体
	6	沼气肥	沼气池中的液体或残渣
	7	秸秆	作物秸秆
	8	泥肥	未经污染的河泥、塘泥、沟泥等
	9	饼肥	菜籽饼、棉籽饼、芝麻饼、花生饼等
商品肥料	1	商品有机肥	以动植物残体、排泄物等为原料加工而成
	2	腐殖酸类肥料	泥炭、褐炭、风化煤等含腐殖酸类物质的肥料
	3	微生物肥料	
		根瘤菌肥料	能在豆科作物上形成根瘤菌的肥料
		固氮菌肥料	含有自生固氮菌、联合固氮菌的肥料
		磷细菌肥料	含有磷细菌、解磷真菌、菌根菌剂的肥料
		硅酸盐细菌肥料	含有硅酸盐细菌、其他解钾微生物制剂
		复合微生物肥料	含有两种以上有益微生物，它们之间互不拮抗的微生物制剂
	4	有机无机复合肥	有机肥、化肥或（和）矿物源复合而成的肥料
	5	化学和矿物源肥	
		氮肥	尿素、碳酸氢氨、硫酸铵
		磷肥	磷矿粉、过磷酸钙、钙镁磷肥
		钾肥	硫酸钾、氯化钾
		钙肥	生石灰、熟石灰、过磷酸钙

（续）

分类	名　称	简　介
商品肥料	5　化学和矿物源肥	
	硫肥	硫酸铵、石膏、硫黄、过磷酸钙
	镁肥	硫酸镁、白云石、钙镁磷肥
	微量元素肥料	含有铜、铁、锰、锌、硼、钼等微量元素肥料
	复合肥	二元、三元复合肥
	6　叶面肥	含各种营养成分，喷施于植物叶片的肥料

1. 基肥

（1）定植前　定植前将腐熟的有机肥均匀地薄撒于整理好的畦面（7 500 千克/公顷，厚 4～5 厘米），并与 10 厘米厚的土层混匀。然后在每 2 条攀缘柱间投放腐熟的椰糠 3 千克（或用杂草、枯枝落叶等替代），并摊匀。

（2）幼龄园　1～3 龄园，每年施用一次腐熟的有机肥（牛粪：表土：钙镁磷肥＝25：70：5）或其他经无害化处理后的腐熟农家肥，薄撒畦面，每次 5 000～7 000 千克/公顷。

（3）成龄园　开花结荚的香草兰种植园即为成龄园（3 龄以上），施用腐熟的有机肥 2 次/年（牛粪：表土：钙镁磷肥＝25：70：5）或其他经无害化处理后的腐熟农家肥，薄撒畦面，每次 5 000～7 000 千克/公顷。

2. 追肥　N、P、K、Ca、Mg 元素肥料根据叶片营养诊断结果进行针对性的施用；微量元素根据土壤微量元素测定结果进行针对性的施用。

（1）1 龄园　定植第一年即为 1 龄香草兰，每月喷施或淋施 0.7％复合肥水溶液和 0.7％尿素水溶液 1 次。

（2）2～3 龄园　定植第二年至第三年为 2～3 龄香草兰，每

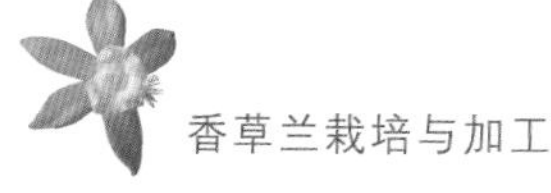

月喷施或淋施 0.7%复合肥水溶液和 0.7%尿素水溶液 2 次。

（3）成龄园营养生长期　营养生长期即每年 1～3 月和 7～9 月，根据香草兰苗蔓生长情况喷施或淋施 0.7%复合肥水溶液和 0.7%尿素水溶液，每月 1 次。

（4）成龄园果荚生长期　果荚生长期即每年的 4～6 月，喷施 0.7%复合肥水溶液和 0.5%氯化钾或硫酸钾水溶液，每月 1～2次。

（5）成龄园花芽分化前期　花芽分化前期即每年 10～12 月，喷施 0.7%复合肥水溶液、0.7%磷酸二氢钾水溶液和 1.0%过磷酸钙浸出液 2 次/月。

3. 追肥方式　追施化肥一般可通过人工淋施或喷施，该方式劳动强度较大，费工费时，且喷洒不均匀，施用量难以精确控制，易造成香草兰长势参差不齐，影响花芽分化率和产量，甚至造成环境污染。采用水肥一体化追肥可灵活精确控制水肥施用量，并能够保证喷施均匀一致，降低因水肥不合理使用造成的环境污染问题，且每次喷施只需几分钟，省工省时，大大降低人工成本。

（1）水肥一体化设施组成　一般由水源、首部系统、管道和喷头 4 部分组成。

水源一般包括河流水、湖泊水、水库水、井水、鱼塘水、水池水等，为防止喷头受杂质堵塞，使用前需过滤。

首部系统是整个水肥一体化设施的驱动、检测和控制中枢，主要由动力设备、过滤器、施肥设备、控制阀门、计量设备和安全设备组成。

管道系统起到运输作用，由于管道流量较大，常年不动，一般埋于地下，包括硬塑料管（PVC 管）、聚乙烯管（PE 管）和连接配件等（直接、直通和旁通等）。铺设管道时应考虑正常使

用时的压力，选择合适管径的管材。

喷头一般由塑料注塑成型，其质量的好坏直接影响到滴灌系统的寿命及灌水质量的高低。喷头可以为雾化喷头，使水肥液通过喷头形成水雾喷出，喷洒更均匀，面积更大，可以达到更好的喷施效果。

（2）水肥一体化设施铺设方式　该设施有水源、动力设备、过滤器、主管道、分管道、连接配件和喷头组成。水源可以设在种植区域的一端，设施安装时以 PVC 硬管为主管道，在主管道前端安装过滤器（过滤器孔径 0.106～0.212 毫米）。主管道沿香草兰种植区域的长度方向设置，分支管道架设在香草兰上方并沿香草兰种植区域的宽度方向设置，主管道上每隔 1.8 米左右（香草兰行距）设置分支管道，分支管道的架设高度距离地面 2～2.5 米，在各分支管道上每隔 1～1.2 米打孔安装雾化喷头，雾化喷头设在距离香草兰种植行上方 50～80 厘米处，单个分支管道的长度低于 100 米，以保证水压足够。

为方便各部件的安装和连接，主管道可以由依次连接的多段管路连接而成，分支管道可以安装在相邻各段管路之间。相邻各段管路和分支管道之间可以通过三通接头连接，连接简单可靠；另外，分支管道与主管道，以及主管道的各段管路之间均可拆卸，该植物水肥喷施装置在重新定植时可以拆卸重新安装使用，较为方便。香草兰水肥一体化设施示意见图 4－37。香草兰园水肥一体化见图 4－38。

使用时，根据植物生长需求，将化肥、液态有机肥等溶于水肥池中，形成所需要的水肥液，然后开启动力泵，水肥液将沿输送管和主管道进入各分支管道中，并由各分支管道上的喷头喷出，均匀地落在植株上，达到施肥目的。另外，该水肥一体化设施可同时用于喷施农药和植物生长调节剂等。

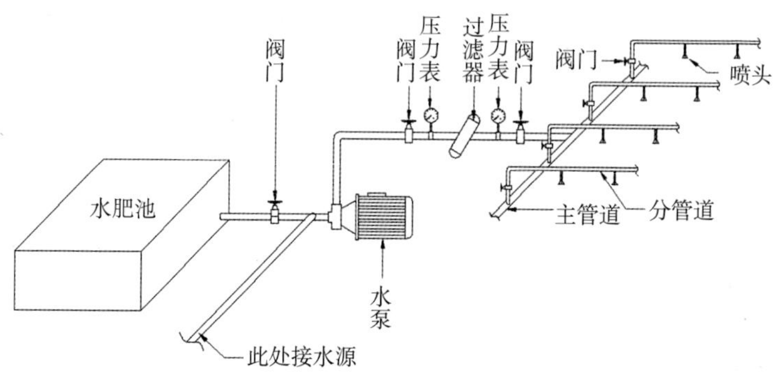

图 4-37　香草兰水肥一体化设施示意

图 4-38　香草兰园水肥一体化

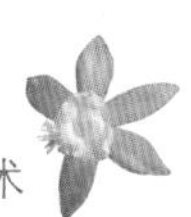

三、引蔓与修剪

香草兰种植后新抽生的茎蔓应及时用软质材料制成的细绳轻轻固定于攀缘柱上，使其向上攀缘生长。香草兰茎蔓的走向与开花数量密切相关，逆向延伸茎蔓上的花序数占总花序数的75%～91%。若茎蔓沿支柱一直向上生长，则很少开花；若任其沿柱间铁线攀缘延伸，则不利充分利用空间。因此，当茎蔓长到1.0～1.5米时，将其拉成圈吊在横架上或缠绕于铁线上，让其缠绕横架或铁线环状生长，使茎蔓在横架或铁线上均匀分布且尽量不重叠（图4－39），既可充分利用空间，又能促进碳水化合物及开花所需养分在复弯处的积累，从而有利诱导开花，也便于授粉操作和日常管理，是香草兰早产、高产、稳产的重要措施。

图4－39　茎蔓环绕铁线呈环状生长

在5月上旬需剪除成龄香草兰植株的侧蔓，一般两条攀缘柱之间保留2～3条相对健壮侧蔓，其余剪除，并在5月中旬对保留的侧蔓进行摘顶；每年11月底或12月初对成龄香草兰园进行全面修剪，剪除部分上年已开花结荚的老蔓及弱病蔓，同时摘去茎蔓顶端4～5个茎蔓节，长度为40～50厘米，并将打顶后30～45天内的萌芽及时全面抹除，以控制植株营养生长，减少养分消耗，诱导花芽分化，促进花芽萌发并有利开花结荚。

四、除草、起畦、覆盖

香草兰为浅根系植物，根系主要分布在10厘米以内的土层。一般不主张在香草兰种植园内除草，偶尔有一些杂草和灌木有利于香草兰的生长，因为矮生草本植物形成的植被，构成与香草兰的根系生长关系最密切的小环境。生产上应保留其中的苔藓类植物、小叶冷水花和卷柏科植物等植被，这样不仅可避免阳光直晒畦面，增加土表湿度，保持土壤湿润，还可减少土壤冲刷和养分流失，防止畦面坍塌（图4-40）。特别在旱季，有植被的种植园内小环境十分有利于香草兰根系的生长，从而有利于香草兰植株的生长。但需有选择地清除生长繁殖快，根系密集，对香草兰根系营养、水分和生长形成竞争的杂草及易感病的杂草。在清除香草兰园内杂草时只能用手拔除（图4-41），禁用锄头、铁锹等除草工具，以免伤害根系。一般每月除草1～2次。垄间可铺设防草布以防止杂草生长（图4-42），减少劳动力成本。大雨过后或多次淋水之后，畦面边缘由于水的冲刷而塌陷，应及时修整，保持畦面的完整。畦面周围也可用椰壳（图4-43至图4-45）、限根器等遮挡（图4-46），以防畦面冲刷塌陷。

图 4－40　畦面苔藓

图 4－41　拔除杂草

图 4 - 42　垄间防草布

图 4 - 43　遮挡畦面用的椰壳

图 4 - 44　铺椰壳

图 4 - 45　椰壳遮挡畦面

图 4 - 46　限根器遮挡畦面周围

香草兰对旱、寒等不利条件的抵抗力均较弱，采用椰糠、枯草或经过初步分解的枯枝落叶等进行周年根际死覆盖（图 4-47），可有效改善根系的生长环境，调节土壤温度和保湿，使土壤疏松透气，增加有机质，有利于根系发展，促进香草兰的生长，同时可减轻繁重的拔除杂草工作，是丰产栽培的关键措施之一。一般在 2～3 年非生产期内每半年增添一次覆盖物，使畦面终年保持 3～4 厘米厚的覆盖，而成龄香草兰园则在每年花芽分化期后（1 月底或 2 月初）和末花期（5 月底或 6 月初）各进行一次全园覆盖。定期（3～4 次/年）清理园地四周杂草，同时结合病害检查，及时清除烂根、干叶等杂物，保持园内外清洁。

图 4-47　畦面覆盖椰糠

五、荫蔽树修剪和防风林管理

根据香草兰不同生长期及不同季节对荫蔽度的要求，对荫蔽树进行适当修剪，修剪的叶片和枝条可作覆盖材料。一般将荫蔽树修剪成伞形，并控制荫蔽树高度在 1.5～2.0 米，以便更好地起荫蔽作用和保护茎蔓，也不利于病虫害的接触传染。香草兰生长前期（营养生长期）荫蔽度控制在 60%～70%，生长后期（开花结荚期）荫蔽度控制在 50%～55%。夏季气候炎热，光照强，荫蔽度控制在 60%～65%；冬季气温偏低，湿度较大，荫蔽度要求较小，一般控制在 35%～40%。结合荫蔽度的控制，同时剪除荫蔽树 1 米以下低矮的分枝及多余的上层分枝，培养荫蔽树在 1.2～1.5 米处的分枝 2～3 条作为香草兰的攀缘枝。

虽然防风林与香草兰种植园间隔一定距离，但其根系和分枝也会对香草兰的生长产生不良影响，特别是其庞大的根系与香草兰植株根系间争夺水肥，因而宜在种植园四周防风林边缘挖一条深 50～100 厘米、宽 30～40 厘米的隔离沟，并及时修剪延伸到棚架上使香草兰过度荫蔽的枝条，同时可避免台风到来时损坏荫棚系统。

六、人工授粉

香草兰花的构造特殊，无法借助一般的昆虫作为传粉媒介，自然授粉率小于 1%，必须进行人工授粉才能结荚。香草兰的花大约在清晨 5:00 开始开放，中午 11:00 开始闭合，所以授粉工作应在当天 6:00～12:00 完成（最佳授粉时间为当天上午6:30～10:30），否则，柱头丧失活力，授粉成功率将降低。香草兰花的雄蕊和柱头间隔着一片由一枚雌蕊变形增大、形似帽状的唇瓣，称为“蕊喙”，授粉时需借助两根削尖的竹签、棕榈树的叶脉、

硬的草茎或牙签（顶端整理呈毛状，以免刺伤柱头）。

授粉方法：左手中指和无名指夹住花的中下部，右手持授粉用具轻轻挑起唇瓣（蕊喙），再用左手拇指和食指夹住的另一条授粉用具或直接用左手拇指将花粉囊压向柱头，轻轻挤压一下即可（此时可见花粉沾于柱头上）（图4-48）。若遇雨天，应待雨停后再进行授粉工作，一般每个熟练工人可授粉1 000～1 500朵/天，国外香草兰的授粉工作一般由手脚灵活的妇女和儿童完成。

①夹住花的中下部

②挑起唇瓣

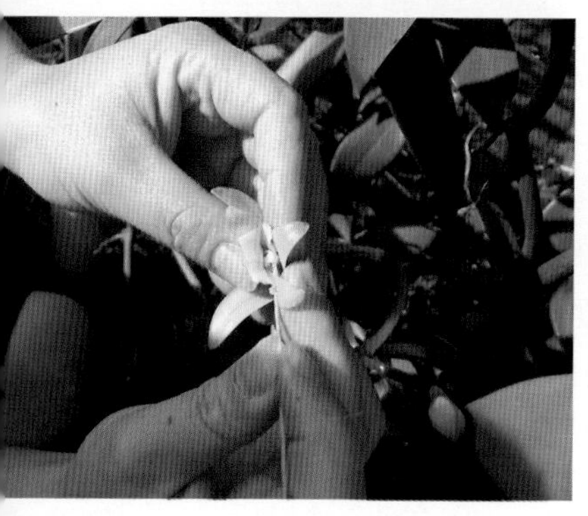

③将花粉囊压向柱头

④轻轻挤压

图4-48　授粉步骤

七、控制落荚

香草兰在授粉后 40～50 天有严重的生理落荚，落荚率 40%～60%，严重影响香草兰的稳产高产。香草兰的生理落荚主要是生长发育的幼荚间以及幼荚与抽生侧蔓间水分和养分竞争所致，单株抽生花穗数越多，其落荚率也越高；其次与园内环境条件也有一定关系，荫蔽度小、结荚多的植株落荚率高。

根据香草兰植株的长势和株龄，早期摘除过多的花序及已有足数果荚的花序上方的顶中花蕾，适时疏荚，合理留荚，减少养分消耗，是降低落荚率、增加产量的有效措施之一。一般单株单条结荚蔓保留 8～12 个花序，每花序留 8～10 条果荚，长势较弱的植株宜更少。同时，在 5 月上旬修剪果穗上方抽生的侧蔓，5 月中旬全面摘顶，可有效控制营养生长，保证幼荚生长发育所需养分和水分，使幼荚正常生长，从而降低落荚率。

除此之外，加强各项田间管理并结合根外追肥，在幼荚发育期（末花期）定期喷施含硼（B）、锌（Zn）、锰（Mn）等微量元素的植物生长调节剂或香草兰果荚防落剂，可将香草兰落荚率降低在 15%以内；在香草兰末花期，每隔 10 天全面喷施 1 次 30～50毫克/升的 2,4－D（2,4－二氯苯氧基乙酸）溶液，或 300～500 毫克/升的 B9（2,2－二甲基琥珀酰肼）溶液，连续喷 3～4 次，也可获得良好且稳定的保果效果，且 2,4－D 和 B9 对鲜荚质量和豆荚品质等均无不良影响，同时，喷施 500 毫克/升的 B9 溶液还能促进翌年香草兰植株花芽分化。

第五章

主要病虫害防控

香草兰适宜生长在荫蔽、湿润的环境中，病虫害发生频繁，根（茎）腐病等病虫害已成为限制香草兰产业发展的重要因素之一。张开明等记录了 20 种香草兰病害。2008 年 3 月至 2009 年 12 月，刘爱勤等对海南省万宁市兴隆华侨农场、长丰镇、南桥镇、牛漏镇，琼海市大路镇、万泉镇、石壁镇，定安县龙门镇，屯昌县坡心镇，儋州市那大镇等 10 个乡镇的香草兰种植园进行病虫害情况调查，结果发现，危害海南省香草兰的主要病虫害有 8 种，分别是香草兰根（茎）腐病、疫病、细菌性软腐病、花叶病、白绢病、炭疽病、拟小黄卷蛾和茶角盲蝽（表 5－1）。从分布范围和危害程度分析，根（茎）腐病、疫病、细菌性软腐病及炭疽病分布广，危害较为严重，为香草兰主要病害。其他病害和虫害仅在局部地区发生，危害程度较轻。

香草兰主要病虫害对生产危害严重，但只要贯彻“预防为主，综合防治”的植保方针，严格遵守农业行业标准《香草兰病虫害防治技术规范》（NY/T 2048—2011）的操作规程，勤检查、早发现、早防治，即可对病虫害进行有效防控，最大限度地减少因病虫害造成的损失。

表 5-1 海南省香草兰主要病虫害危害及分布

病虫害名称	危害部位	危害程度	分布地点
香草兰根（茎）腐病（Vanilla Root Rot Disease）	根、茎	＋＋＋＋或＋＋＋	被调查的 10 个乡镇均有发生
香草兰疫病（Vanilla Phytophthora Rot Disease）	嫩梢、叶、果、茎	＋＋＋＋或＋＋＋	被调查的 10 个乡镇均有发生
香草兰细菌性软腐病（Vanilla Bacterial Soft Rot Disease）	叶、茎	＋＋＋	被调查的 10 个乡镇均有发生
香草兰花叶病（Vanilla Mosaic Virus Disease）	叶、茎	＋＋	兴隆华侨农场、长丰镇、南桥镇、大路镇及那大镇
香草兰白绢病（Vanilla Southern Blight Disease）	茎、叶	＋	兴隆华侨农场、大路镇及万泉镇
香草兰炭疽病（Vanilla Anthracnose Disease）	叶	＋或＋＋	被调查的 10 个乡镇均有发生
香草兰拟小黄卷蛾（*Tortricidae* sp.）	嫩梢、嫩叶、花苞	＋或＋＋	兴隆华侨农场、长丰镇、南桥镇、大路镇、石壁镇及坡心镇
茶角盲蝽（*Helopeltis theivora*）	果、叶	＋	兴隆华侨农场、长丰镇、南桥镇、牛漏镇及龙门镇

注：对于病害，“＋”表示零星发生，“＋＋”表示轻度发生，“＋＋＋”表示中度发生，“＋＋＋＋”表示重度发生；对于虫害，“＋”表示轻度发生，“＋＋”表示中度发生，“＋＋＋”表示重度发生。

第一节 香草兰根（茎）腐病

一、分布与危害

香草兰根（茎）腐病广泛分布于国内外香草兰种植区，发病率高达30%～50%。该病主要危害地下吸收根、地上气生根和茎蔓，染病部位变褐色、失水干枯皱缩，甚至植株死亡。

二、症状

根系染病初期呈水渍状，然后逐渐褐变腐烂，重病植株停止抽生嫩芽，叶片萎蔫变软呈黄绿色，最后植株下垂呈棕褐色死亡（图5-1）。受害茎蔓初期产生水渍状、暗绿色、不规则的病斑，后期病部呈灰褐色，失水、皱缩、凹陷，向上下和横向扩展蔓延，甚至环缢病蔓；茎蔓内部维管束变褐色。严重时，从染病部位到茎梢的叶片褪绿、萎蔫，甚至干枯死亡（图5-2）。

图5-1 根部感病症状

图5-2 茎部感病症状

三、病原菌

香草兰根（茎）腐病病原菌为尖孢镰刀菌香草兰专化型［*Fusarium oxysporium* Schl. f. sp. *vanillae*（Tucker）Gordon］（图 5－3）和茄腐皮镰刀菌［*F. solani*（Mart.）App. et Wollenw.］（图 5－4）。这两种镰刀菌都能产生大、小型分生孢子和厚垣孢子。

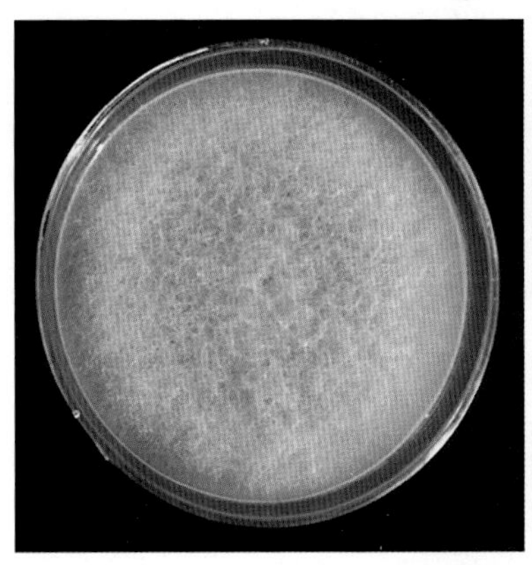

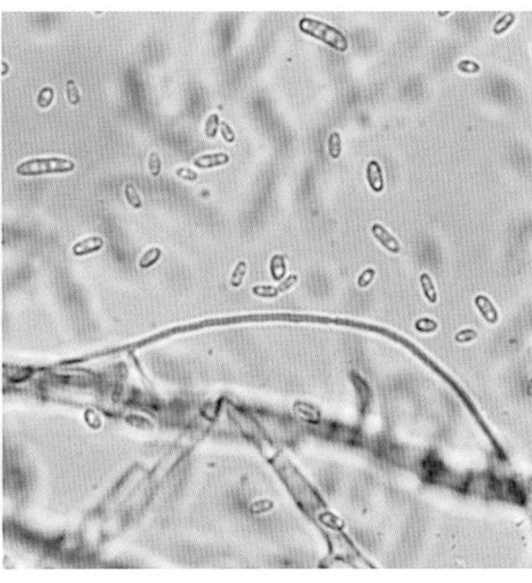

图 5－3　尖孢镰刀菌在 PDA 培养基上的菌落形态及其分生孢子

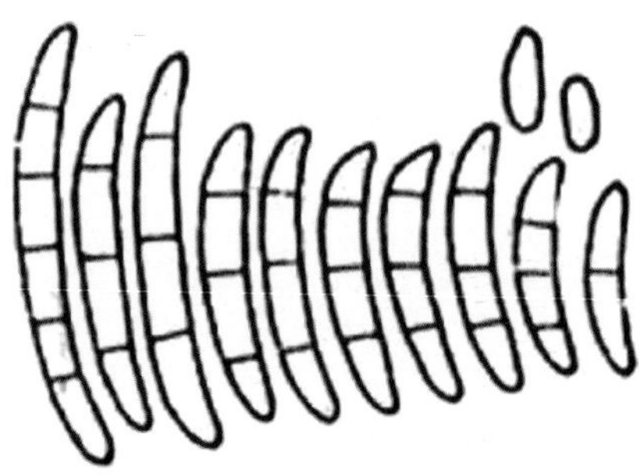

图 5-4　茄腐皮镰刀菌分生孢子

四、发生规律

该病是典型的土传病害，全年均可发生，6～10 月高温高湿季节危害严重。病原以菌丝或厚垣孢子在土壤和病株残体中越冬，在土壤中可存活数年。借风雨、灌溉水、农具、肥料或昆虫传播，通过线虫、昆虫或其他因子造成的伤口侵入，或直接侵入，潜育期 4～26 天。阴雨连绵的天气是诱发病害流行的重要条件。种植过密、失管、积水、土壤通透性较差的种植园易发病，过量授粉或留荚数过多、缺磷、干旱、土壤过酸（pH 过低）、强烈光照、台风等都是诱病因子。

五、防控方法

1. 培育无病种苗。从健康茎蔓上剪取插条，在苗圃培育无病种苗。插条入圃前浸泡于 50%多菌灵可湿性粉剂 800 倍液中 1 分钟，晾干后方可使用。

2. 加强田间管理。施腐熟的基肥，不偏施氮肥；适度灌溉，雨后及时排除田间积水；控制土壤含水量，保持园内通风透光，适度荫蔽，严格控制单株结荚量；田间劳作时尽量避免人为造成

植株伤口。

3. 消除病源。选择干旱季节或雨季晴天及时将病蔓和死株清理至园外烧毁。

4. 及时防控。根系初染病时，用50%多菌灵可湿性粉剂800倍液或70%甲基硫菌灵可湿性粉剂1 000倍液或粉锈宁可湿性粉剂500倍液淋灌病株及四周土壤，每月1次，连续2～3次。茎蔓、叶片或果荚初染病时，及时用小刀切除感病部分，后用50%多菌灵可湿性粉剂涂擦伤口处，同时用50%多菌灵可湿性粉剂1 000倍液或70%甲基硫菌灵可湿性粉剂1 000～1 500倍液喷施周围的茎蔓、叶片或果荚。每隔5天喷1次，连续喷药2～3次。

第二节　香草兰细菌性软腐病

一、分布与危害

香草兰细菌性软腐病广泛分布于我国海南香草兰植区，发病率一般在15%～30%。主要危害香草兰叶片和茎蔓，染病植株茎蔓和叶片大量腐烂、坏死，导致减产。

二、症状

叶片发病初期产生水渍状斑点，后期病部叶肉软腐、与表皮脱离，腐烂病痕边缘有褐色边纹，潮湿条件下病部溢出乳白色菌脓，最后整片叶腐烂，只剩上下两层表皮。茎蔓发病初期呈水渍状病斑，带有浅褐色边纹，后期组织软腐、浮肿，用手轻压有乳白色菌脓溢出（图5-5）。

三、病原菌

香草兰细菌性软腐病病原菌为达坦狄克氏菌（*Dickeya dadan-*

tii)，即原分类学上的菊欧文氏杆菌（*Erwinia chrysanthemi*）。病原菌在 PDA 培养基上的菌落形态见图 5－6，在 1 000 倍显微镜视野中的形态见图 5－7。

图 5－5　叶片和茎蔓感病症状

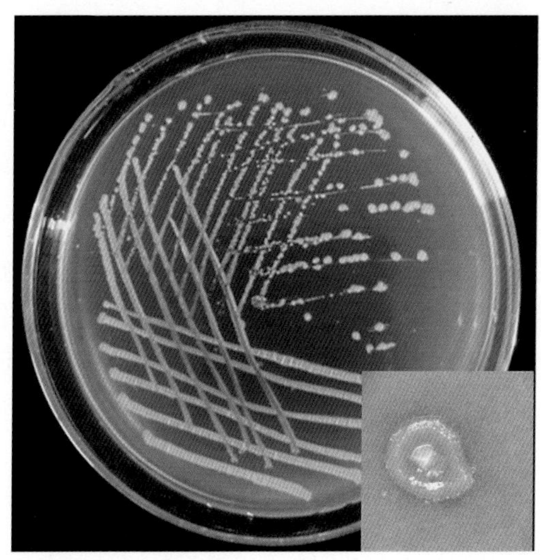

图 5－6　病原菌在 PDA 培养基上的菌落形态

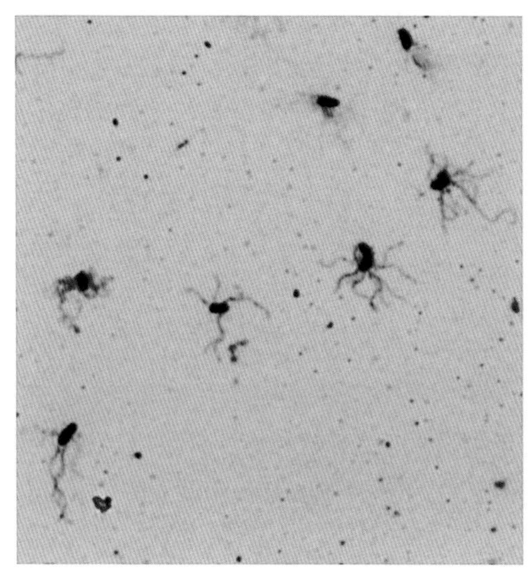

图 5-7 病原菌在 1 000 倍显微镜视野中的形态

四、发生规律

病害的初始侵染源为带病土壤和种苗、田间病株、病残体等。病原菌可以随风雨、露水、昆虫、软体动物和农具传播，容易通过机械伤口和气孔等自然孔口侵入。该病害周年均可发生，发生流行与温湿度、降水量关系密切，低温干旱、降水量少的季节（11 月至翌年 3 月）发病较轻或不发病，高温高湿多雨季节（4～10月）发病较重；连续降雨过后容易出现病害高峰期。

五、防控方法

1. 田间管理过程中尽量减少机械损伤，避免人为产生伤口。
2. 雨季到来前全面喷施一次 0.5%～1.0%波尔多液。
3. 及时检查并清除病死植株，切除病蔓、病叶带到园外烧毁，同时喷施500万单位农用链霉素800～1 000倍液、47%加瑞农可湿性粉剂800倍液、77%氢氧化铜可湿性粉剂（可杀得）500～800倍液（或64%杀毒矾可湿性粉剂500倍液保护）。

第三节　香草兰疫病

一、分布与危害

香草兰疫病在国内外均有发生，其严重度仅次于香草兰根（茎）腐病。该病害在香草兰主产地马达加斯加、波多黎各等均有发生，在我国海南和云南植区也多有报道，主要危害嫩梢、叶片、茎蔓和果荚，严重时可造成50%以上的经济损失。

二、症状

幼嫩蔓梢和近地面的叶片、茎蔓及果荚容易感病。嫩梢感病后出现水渍状褐色病斑，后期病斑从梢尖迅速向下蔓延至第2～3节，病部呈黑褐色软腐，病梢下垂（图5-8）。叶片和茎蔓（图5-9、图5-10）发病初期现水渍状褐色病斑，病斑形状不定。果荚发病初期呈黑褐色病斑（图5-11），随病情扩展，病部腐烂，果荚脱落。湿度大时，在病部可看到白色絮状菌丝。

图5-8　嫩梢感病症状

图5-9　幼梢和叶片感病症状

图 5-10　茎蔓感病症状

图 5-11　果荚感病症状

三、病原菌

香草兰疫病的病原菌为烟草疫霉（寄生疫霉）*Phytophthora nicotianae*（*Phytophthora parasitica*）（图 5-12），A2 交配型。

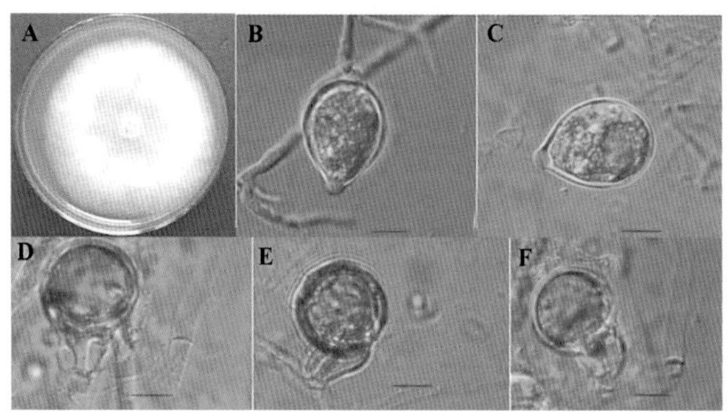

图 5-12　香草兰疫病疫霉菌的形态

A. 菌落形态　B、C. 孢子囊形态　D、E、F. 藏卵器和雄器形态

四、发生规律

病原菌主要以卵孢子在土壤中的病残体上越冬，卵孢子越冬后，经雨水冲刷到靠近地面的茎蔓或嫩梢上完成初侵染。然后病斑上产生的大量孢子囊随风雨和流水传播，完成再侵染，在田间扩大蔓延。

该病的发生流行与降水量、温湿度关系密切。温度在24～26℃范围内，降水量充沛，有利于发病；温度过低或过高，降水量少，则不利于发病。该病害在海南有两个发病高峰期，分别为4月下旬至6月上旬，9月中旬至11月上旬。

五、防控方法

1. 切断传播途径。建园时种好防护林，修筑灌溉排水系统；起垄种植，保证雨季田间不积水，减少病菌繁殖传播。

2. 培育健康种苗。从无病区的健康植株上选取插条，培育无病种苗。

3. 做好田间管理。及时做好修剪、理蔓和田间清洁等日常管理工作，防止茎蔓过度重叠堆积和大量嫩蔓横陈地表；加强施肥、覆盖、除草、引蔓、修剪等田间管理，加强植株长势，提高抗病性，降低病原菌侵染率。

4. 清理病源。选晴天清除病株及地面的病叶、病蔓、病果荚，修剪或采摘病叶、病蔓，并当天喷施农药保护，防止病菌从伤口侵入。病残体集中于园外烧毁或深埋。

5. 及时防治。茎蔓或果荚初染病时及时用小刀切除染病部分，随即用1%波尔多液或甲霜灵、烯酰吗啉可湿性粉剂等涂擦保护切口；发病严重时，可选用25%甲霜灵可湿性粉剂或50%烯酰吗啉可湿性粉剂、69%烯酰吗啉 · 锰锌可湿性粉剂、72%

精甲霜·锰锌可湿性粉剂 500～800 倍液，喷施植株茎蔓、叶片和果荚及四周土壤，每 7 天喷 1 次，连喷 2～3 次。

第四节　香草兰炭疽病

一、分布与危害

该病广泛分布于国内外香草兰种植区，主要危害其叶片、茎蔓和果荚，引起叶斑和落荚，造成一定的减产。

二、症状

叶片和果荚感病初期呈水渍状浅黄色至黑褐色圆形斑点；逐渐扩展形成近圆形或不规则形大病斑，病斑中央凹陷，呈灰褐色或灰白色，其上散生许多小黑点，病斑边缘呈深褐色；最后病部破裂，叶片枯萎脱落（图5－13）。

图 5－13　叶片受害症状

三、病原菌

此病的病原菌为胶胞炭疽菌（*Colletotrichum gloeosporioides* Penz.）（图 5－14）。

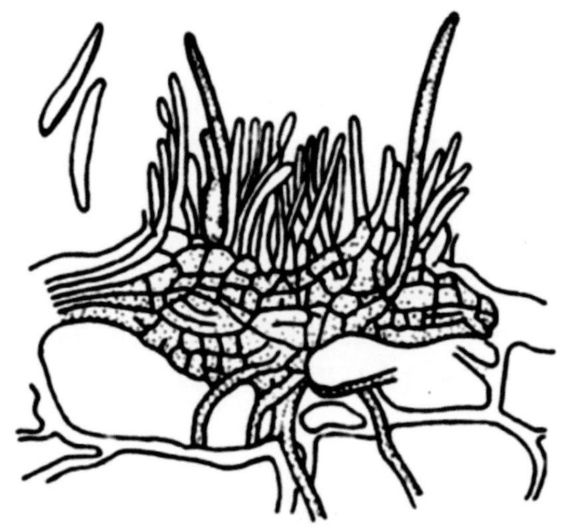

图 5－14　胶孢炭疽病菌分生孢子盘及分生孢子

四、发病规律

该病原菌以菌丝和分生孢子盘在病叶或落叶上越冬，在适宜条件下产生孢子，借风雨、露水或昆虫传播，从伤口和自然孔口侵入。种植过密、过度荫蔽、失管荒芜、积水（湿度大）、缺肥的种植园易发病，高温多雨季节病害流行。

五、防控方法

1. 加强田间管理。施足基肥、避免过度荫蔽、保持通风透气，雨后及时排积水，降低土壤湿度，尽量避免人为碰伤制造伤口，提高植株抗病力。

2. 及时清除病源。选择晴天清除病叶、病果带出园外烧毁，减少侵染源。

3. 及时防控。剪除病叶、病果带出园外烧毁并喷施50%多菌灵1 000倍液或75%百菌清800倍液或0.5%～1.0%波尔多液，每7天喷1次，连喷2～3次。

第五节　香草兰拟小黄卷蛾

一、分类地位

香草兰拟小黄卷蛾（*Tortricidae* sp.），属鳞翅目卷蛾科。

二、形态特征

成虫：体长7～9毫米，翅展15毫米，头胸部暗褐色，腹部灰褐色；前翅长而宽，呈长方形，合起呈钟状；后翅浅褐至灰褐色（图5-15）。

图5-15　成　虫

卵：椭圆形，常排列成鱼鳞状块，初淡黄，渐变深黄，孵化前黑色。

幼虫：老熟幼虫体长10～12毫米，体色多为淡黄至黄绿色，头部、前胸盾片、胸足均为褐色至黑褐色（图5-16）。

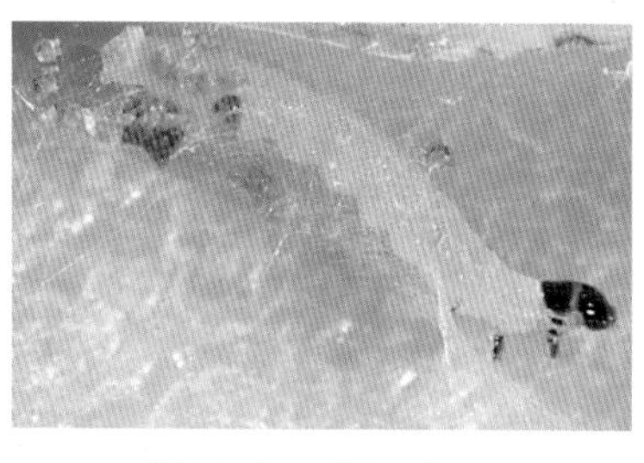

图5-16　幼　虫

蛹：纺锤形，长6～8毫米，宽2～2.5毫米，黄褐色（图5-17）。

图 5-17　蛹

三、发生及危害

拟小黄卷蛾以低龄幼虫钻入香草兰生长点及其未展开的叶片间危害；高龄幼虫在花序、嫩梢上结网危害（图 5-18），嫩梢受害后不能正常生长，严重时可导致梢枯（图 5-19）。幼虫还可携带软腐病病菌，传播病害，加剧危害。通常 1 个嫩梢仅 1 头虫危害，1 头幼虫一般可危害3～5 个嫩梢。该虫 1 年中危害情况可分为 4 个阶段。第 1 阶段为 6 月上旬至 7 月下旬，虫口数量呈

图 5-18　花序受害状

图 5-19　嫩梢受害状

下降趋势；第 2 阶段为 8 月，处于越夏阶段，田间基本看不到幼虫；第 3 阶段为 9 月上旬至 12 月上旬，幼虫经越夏后数量开始回升，在 10 月中旬和 11 月中旬各达到一次高峰，11 月下旬虫口数量开始下降；第 4 阶段为 12 月中旬至翌年 5 月下旬，虫口数量再次开始回升，并在翌年的 1 月上旬、2 月中旬、4 月中旬和 5 月下旬各出现一次高峰。

四、防控方法

1. 加强栽培管理和田间巡查，发现被害嫩梢应及时处理；不宜在种植园周边栽种甘薯、铁刀木、变叶木等寄主植物，减少虫源。

2. 每年 9 月中旬和 12 月中旬，虫口数量较多时，可喷施农药防治。选用 4.5%高效氯氰菊酯乳油 1 000～2 000 倍液或 1.8%阿维菌素乳油 1 000～2 000 倍液喷洒嫩梢、花及幼果荚，每隔 7～10 天喷药 1 次，连喷 2～3 次。1 月下旬或 2 月上旬，根据虫口发生数量，可再进行 1 次防治。

第六节　茶角盲蝽

一、分类地位

茶角盲蝽（*Helopeltis theivora* Waterhouse），又名茶刺盲蝽、腰果角盲蝽，属半翅目盲蝽科。

二、形态特征

成虫：雌成虫体长 6.2～7 毫米，体宽 1.5 毫米（图 5－20）；雄成虫虫体较雌成虫小。虫体淡黄褐色至黄褐色，头部黑褐色或褐色；复眼球形，向两侧突出，黑褐色；触角细长，约为体长的

2倍；中胸小盾片中央有一细长的杆状突起，突起的末端较膨大。

卵：似圆筒形，长0.7毫米，宽0.2毫米（图5-21），卵盖两侧各具一条丝状呼吸突。卵初产时白色，后渐转为淡黄色，临孵化时橘红色。

若虫：共5龄。初孵若虫橘红色，小盾片无突起；2龄后体色逐渐变为土黄，小盾片逐渐突起，复眼也由最初的橘红色变为黑褐色（图5-22）；3龄后翅芽开始明显，足细长，善爬行。

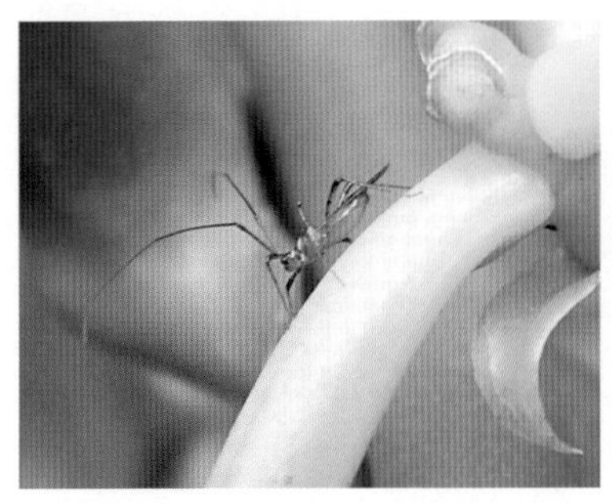
图5-20 成 虫

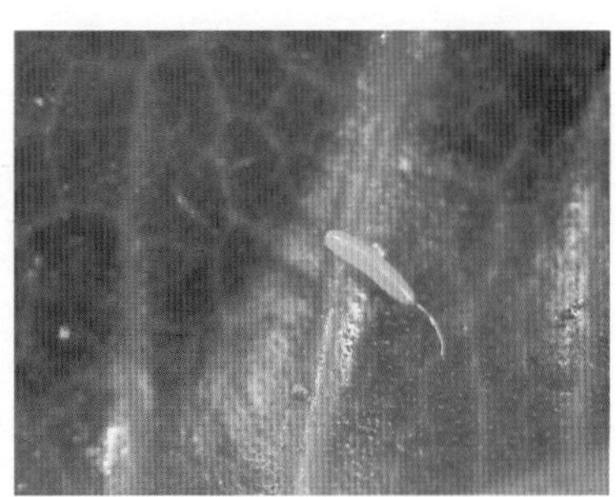
图5-21 卵

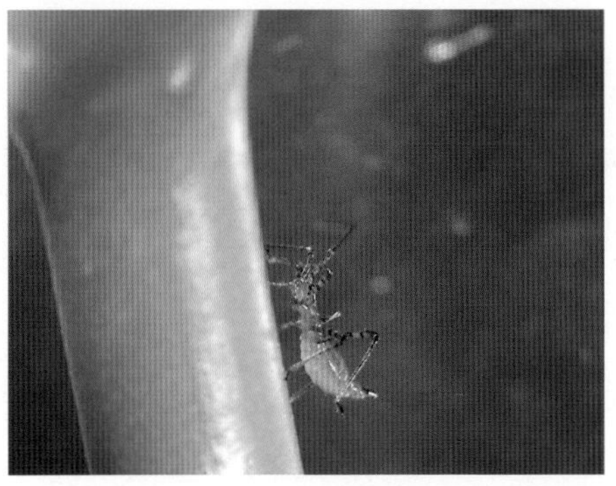
图5-22 若 虫

三、发生及危害

该虫危害香草兰嫩叶、嫩梢（图 5 - 23）、花、幼果荚（图 5 -24）及气生根。以成虫、若虫刺吸幼嫩组织的汁液，致使被害后的嫩叶、嫩梢及幼果荚凋萎、皱缩、干枯。中后期被害部位表面呈现黑褐色斑块，由于失水最后产生硬疤，严重影响植株的生长和产量。该虫不危害老叶和茎蔓。

茶角盲蝽在海南 1 年发生 10～12 代，世代重叠，无越冬现象。其寄主范围广泛，在兴隆地区的寄主植物有 60 多种。该虫的发生与温湿度、荫蔽度、栽培管理关系密切。每年 4～5 月和9～10 月为发生高峰期。温度 20～30℃、湿度在 80％以上最适宜该虫生长繁殖。栽培管理不当、园中杂草不及时清除、周围防护林种植过密、寄主范围多的种植园虫口密度大，危害较重。

图 5 - 23　嫩梢受害症状

图 5-24 幼果荚受害症状

四、防控方法

1. 加强田间管理，及时清除园中杂草和周边寄主植物，减少盲蝽的繁殖滋生场所。

2. 重点抓好每年 3～5 月香草兰开花期和虫口密度较大时喷药保护。喷药时间选在早上 9:00 前或下午 4:00 后，药剂可选用 20%氰戊菊酯乳油 2 000 倍液或 1.8%阿维菌素乳油 2 000 倍液、50%杀螟松乳油 1 500 倍液、50%马拉硫磷乳油 1 500 倍液，喷施嫩梢、花芽及幼果荚。每隔 7～10 天喷药 1 次，连喷 2～3 次。

第六章

收获与加工

第一节　鲜荚采收与分级

一、采收

香草兰是多年生热带经济作物，一般种植 2.5 年后开花结荚，经济收益期为 10～12 年。从授粉到鲜荚采收一般为 8～10 个月，每年收获一季。在我国海南香草兰采收期为每年的 11 月中下旬到 12 月底，云南采收期往后推迟约 1 个月。鲜荚采收时间最好是晴天晨露消失后；用具为竹、藤、塑料或包装绳等材质的广口筐或篮子。装、倒时须轻放轻取，避免鲜荚表皮机械损伤导致病原菌感染；若采摘量较大，或因路程、运输、气候等须暂时贮存，时间不宜过长，堆放厚度不得超过 50 厘米，存放场地应清洁、阴凉通风、易排水。鲜荚需长途运输时，用带盖的竹或藤筐包装，逐层堆放平整，用绳固牢，轻装轻卸，即时运输，途中谨防日晒雨淋。

香草兰鲜荚成熟采收标准如下：

（1）鲜荚生长发育充分，蒴果饱满、结实，种子黑而密。

（2）鲜荚颜色从深绿色转为浅绿、略微晕黄或豆荚末端

(0.2～0.5 厘米处) 略见微黄。

(3) 鲜荚出现明显黄条纹，裂线变黄，豆荚末端已有 1～2 厘米呈黄色或裂荚。

鲜荚成熟的顺序一般与开花顺序相一致，即自下而上逐渐成熟。收获期每周采收豆荚 1～2 次，采收时间一般持续 2 个月。采收时应避免伤及其余未成熟鲜荚。

根据以上标准采收后的香草兰鲜荚，当天采收，当天分级和加工，不能冷藏，也不可置于太阳下暴晒，以免鲜荚开裂影响加工质量。

二、分级

根据香草兰的发酵生香机理及加工工艺要求，鲜豆荚采收后应按其大小、成熟度进行分级，并按分类级别装入有盖的竹、藤制的筐或塑料筐中，以方便后续加工和确保加工质量(图6－1)。

香草兰鲜荚采收后按照以下标准分级：

1 级：发育正常，粗细均匀，呈自然生长的三角条形状，符合香草兰鲜荚一般特征的要求，长 16 厘米以上，完整未裂。

2 级：发育正常，粗细均匀，呈自然生长的三角条形状，符合香草兰鲜荚一般特征的要求，长 14～16 厘米，完整未裂。

3 级：荚短小、细长，粗细不均匀，形状不规则，但符合香草兰鲜荚一般特征的要求，长度 12～14 厘米的完整未裂荚。

4 级：自然过熟裂荚，发育正常的断裂成熟鲜荚及误摘的嫩荚。

图 6-1　豆荚分级

第二节　初加工方法及商品荚标准

一、发酵生香原理

香兰素是香草兰中的主要芳香成分，但植株上成熟的鲜荚不含天然的香兰素，也不具备香味，只有采收后经杀青、发酵、陈化等处理后才形成其特征香味。在藤蔓上自然成熟的豆荚会由绿变黄，最后呈褐色。随着豆荚的成熟，游离风味化合物（主要为香兰素）的含量逐渐增加，这时挥发出香气，但含量极低，并随着挥发而逐渐减少。因此，及时采收成熟的鲜荚并进行发酵，破坏豆荚的细胞结构，促使香兰素及其他风味成分前体与各种催化酶发生接触，成为获取香兰素等风味物质的主要途径。

研究表明，发酵过程的主要作用是促使多种风味物质糖苷前体发生水解，释放出风味物质，其中主要风味物质香兰素形成最关键一步为β-D-葡萄糖苷酶水解香兰素葡萄糖苷。关于发生催化的部位，早期以 Arana 和 Jones 为代表的学者发现 60%～80%的香兰素葡萄糖苷存在于豆荚肉质外部，少部分存在于内部的胎座部位，并且仅在豆荚的肉质外检测到酶活，因此他们得出结论，香兰素葡萄糖苷存在于豆荚的肉质部。在发酵过程中，细胞发生破裂，糖苷由里向外发生迁移，在肉质外接触β-D-葡萄糖苷酶进而发生了水解作用（图 6-2a）。在近 60 年的香草兰发酵生香研究领域内，此观点占据了主导地位。近年来，随着化学分析技术和原位染色技术的改进，美国 Rugters 大学 Havkin-Frenkel 教授带领的研究团队发现，香兰素葡萄糖苷只存在于豆荚的胎座内部，在外部的胎座部位不存在（图 6-2b）。其合成于乳头细胞，通过分泌作用向种子周围的胞外空间扩散，同时该

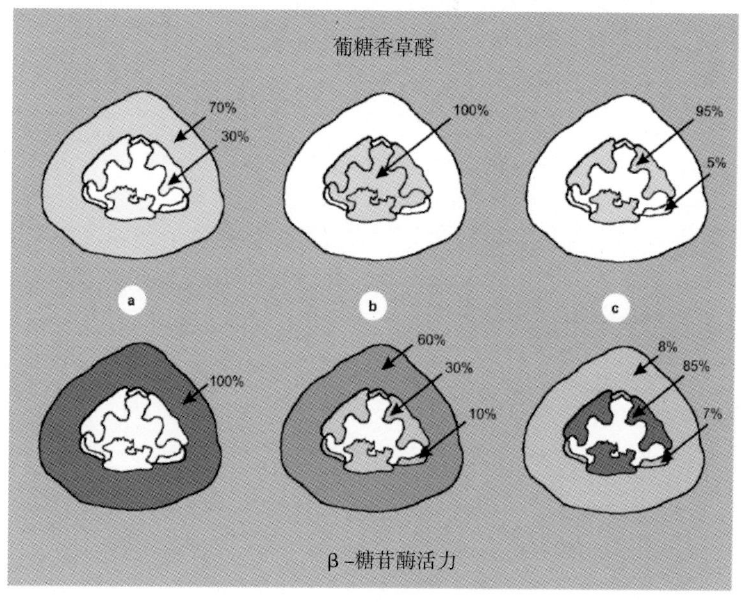

图 6-2　香兰素葡萄糖苷及β-D-葡萄糖苷酶在香草兰豆荚中的定位
（引自 Odoux，2005）

团队发现β-D-葡萄糖苷酶的活性由内向外逐渐增加，在胎座外部达到63%而胎座部位仅为27%，其他的存在于乳头细胞处。法国Odoux（2003）等则认为，香兰素葡萄糖苷仅存在于果实的内部，大部分分布在胎座部位，少部分存在于乳头细胞处，在胎座处外部则未发现（图6-2c）。该团队还发现β-D-葡萄糖苷酶的85%存在于胎座处，8%存在于乳头细胞处，而在胎座外部的酶活小于10%。据此结论，香兰素葡萄糖苷的水解不需经历扩散过程，仅细胞破裂后即可水解。

这几种观点都可在一定程度上解释香兰素葡萄糖苷的水解过程，但尚存争议，有待于更加深入的研究。在香草兰发酵后期，豆荚表面出现香兰素结晶，这可通过香兰素在表皮内合成，溶于水迁移到表皮外，水分干燥后自然结晶这一理论来解释。但也存在其他可能，比香兰素水溶性更强的香兰素葡萄糖苷也可能随着水分迁移到表皮外，然后通过豆荚表面微生物水解形成香兰素，随着生成量的增加在表皮上结晶。因此，对于除了豆荚内源酶以外，是否还存在外源酶在豆荚表皮上发生催化作用也是香草兰发酵机理研究的争议之一。

香草兰发酵生香周期大约为6个月，这期间香兰素逐步形成。关于发酵过程中起着重要调控作用的β-D-葡萄糖苷酶活性变化也是研究的热点之一。Hanum是目前唯一认为香草兰鲜荚经过杀青之后β-D-葡萄糖苷酶的酶活得到增加的学者。而现今主流观点认为，鲜荚经过杀青后酶活大大降低，在杀青后24小时内几乎全部失活。但在杀青24小时以后，香兰素葡萄糖苷水解成为香兰素的反应依然存在。这也是香草兰发酵生香研究领域的一个争议。

总之，自从Father Labat于1697年从墨西哥引入三株香草兰到拉丁美洲的马提尼克岛开始，三百多年来人们对香草兰发酵方法和原理的探索就一直未停止过。随着化学分析技术和生物发酵技术的发展，研究者阐明了传统发酵方法的作用机理，建立在此基础上，人们又研发出新的发酵方法，如此循环往复。即使科技文明高度发展的今天，仍有许多发酵机理尚不明确。

二、初加工方法

香草兰豆荚采收后首先要经过鲜荚分级、清洗，然后进行初步加工。初加工方法包括杀青、酶促、干燥、陈化生香等四个阶段。具体如下。

（一）杀青——抑制或减弱鲜荚的生命活力阶段

采收后的香草兰鲜荚是活组织，仍然具有较为完整的生理功能。要进行鲜荚加工，必须先停止其生命活力，破坏细胞结构，使各种酶溶出，与前体物质充分接触。通常采用热水、日晒或烤炉加热萎蔫法、割划法、乙烯处理法或冷冻法等进行处理。该过程通过破坏细胞膜中断细胞呼吸功能，故称为“杀青”。冷冻法杀青比65℃热水烫3分钟杀青更完全，但从产品风味质量来说，热水杀青最佳，其次是冷冻杀青，再后是割划法杀青。热水杀青鲜荚的β-D-葡萄糖苷酶、过氧化物酶、多酚氧化酶和蛋白酶活性较高。过度或长时间加热会导致有益酶完全失活，抑制酶催化反应，影响风味物质形成，故快速热水杀青或冷冻杀青既可达到杀青目的，又可保证豆荚品质。

（二）酶促——发酵或发汗阶段

该阶段使杀青后的豆荚快速脱水干燥，以避免微生物滋生影响后续发酵。它是加工中最关键的步骤，外添加酶或香草兰鲜荚固有酶活性在此时均最活跃。在适当的处理条件下（适宜温度、

时间和湿度)，酶活可达到最高，加工出的豆荚品质也高。酶促过程中香兰素和许多相关化合物从相应的葡萄糖苷前体中释放出来，多酚化合物的氧化作用赋予豆荚特征性的巧克力棕褐色和味觉品质。此阶段传统加工方法需持续1～2周，现代的加工方法仅需4～5天。

(三) 干燥——缓慢干燥阶段

此阶段使豆荚慢慢脱水，并经过一系列复杂的化学变化产生各种芳香成分。最常用的干燥方法有日晒和空气干燥，也可用烤箱干燥。干燥是整个加工过程耗时最长和最难以掌控的阶段。过长时间干燥会导致风味成分和香兰素含量损失。1973年，Theodose提出热空气干燥方法，可缩短干燥周期。在发汗阶段的末期，加工的豆荚含水量60%～70%。豆荚需进一步干燥，减少水分含量，防止微生物侵害。干燥后的低水分含量豆荚减弱了不必要的酶活和生物化学变化。干燥阶段后期，豆荚含水量25%～30%。此阶段需持续2～4周。

(四) 陈化生香——成品调理阶段

将符合条件的半成品按级别对色泽、饱满度、柔软性、色斑及豆荚形状等指标要求分级，进行消毒杀菌处理后，装袋密封；按等级装入干净、完好、不透气的贮存容器（如有盖的锡桶、箱或马口铁桶）中，密封贮藏3～6个月。期间会发生各种化学和生化反应，如酯化作用、醚化作用、氧化降解等，从而产生各种挥发性芳香成分。

这四个基本步骤是相互交叠持续进行的。鲜荚杀青处理为酶促作用打基础，酶促阶段是豆荚干燥的开始，而缓慢干燥又继续酶促作用，整个过程都是为了利于酶促反应。

三、各国加工方法

生香加工是影响香草兰商品豆荚品质的关键步骤，决定其香气成分含量、风味、外观、色泽及商品价格等。不同国家对香草兰的加工方法略有不同，但原理基本相同。加工方法按产地分有波旁加工法、墨西哥法、塔希提法、瓜德罗普法等。从杀青工艺分有日晒杀青、烤箱杀青、热水杀青、割划杀青或冷冻杀青等，前三种较为常用。从发酵生香的供热方式可分为传统加工方法和热空气干燥法。但无论采用哪种方法，均经过四道主要的基本工序：杀青→酶促→干燥→陈化生香。

（一）波旁加工法

印度洋地区的大多数香草兰种植者（包括马达加斯加、科摩罗、留尼汪）均采用该方法发酵香草兰。波旁法又可分为不间断杀青法和间断杀青法，其主要区别在于前者采用 65℃热水连续杀青 2～3 分钟，而后者采用 85℃热水浸泡 30 秒，分 3 次每次 10 秒。不间断杀青法将鲜荚杀青后取出迅速沥干，当豆荚还未完全降温时，用棉布或毛毯包卷豆荚放入木箱中发汗 24 小时，之后取出置于太阳下暴晒 3～4 小时，再次包卷保温发汗，堆放进室内。这一过程连续 6～8 天，直至豆荚完全变软。然后将豆荚放在室内密闭箱中陈化 3 个月以上。间断杀青法是将豆荚上的水沥干后用棉布或毛毯包裹置于发汗箱，每天取出暴晒 2 小时，夜里放入发汗箱，重复 7 天左右豆荚变软，后将其置于室内风干至豆荚原重量的 1/3，然后置于陈化箱，缓慢干燥至原重量的 1/4。

（二）墨西哥加工法

墨西哥法先将鲜荚浸湿，放入室内后加温至 60～70℃，并

且经常往室内洒水，使湿度达到饱和状态，36～48 小时后将豆荚取出，用棉布或麻布包裹放进木箱发汗 24 小时，当豆荚呈深褐色时杀青已完成。将杀青后的豆荚取出，每天日晒 2～3 小时，重复 5～6 天，直至豆荚变软为止。然后将豆荚置于空气流通良好的室内晾干架上，每隔 2～3 天取出日晒 1 次，并放回室内架上，持续 1 个月左右。最后按豆荚的外观、含水量、长度等分级包装，陈化 3 个月以上。

（三）塔希提加工法

塔希提香草兰豆荚为闭果，成熟时不裂开，在藤蔓上逐步衰老，当鲜荚末端开始变黄色或褐色即为完全成熟。塔希提发酵法与其他方法的区别在于不需人工杀青。采摘的鲜荚堆放在一起，每天翻动，直至整根豆荚完全变褐。之后将豆荚摊晒，每天早晨晒 3～4 小时后用棉布包裹堆放在一起，置于密闭箱保温发汗，重复此过程 15～20 天。此后将豆荚放入室内缓慢风干至含水量 35%左右，装入大箱陈化，最后阶段持续 3 个月以上。

（四）瓜德罗普法

位于加勒比海小安的列斯群岛中部的瓜德罗普，当地人采用沿鲜荚纵向划 1～2 毫米深伤痕诱导杀青的发酵方法，其作用是使豆荚失去植物性生命力，然后用毛毯、布帘等包卷，交替进行暴晒干燥，并在阴凉处缓慢生香。

（五）中国加工法

中国热带农业科学院香料饮料研究所经过多年的研究，开发了单元式热空气发酵生香加工法。该技术工艺简便，能耗低，效率高，在海南香草兰种植加工地区已经广泛应用。其发酵的豆荚产品质量稳定，不受天气影响，极大地提高了我国香草兰发酵的水平。

鲜荚经过清洗与杀青一体机流水线处理。将杀青处理后的鲜荚迅速沥干或擦干表皮水分，趁热放置在垫有毛巾或纱布的单元式热空气设备发酵盘里，摊开豆荚再加盖毛巾或纱布。发酵车上各层放置量应大致相同，堆放厚度不超过 10 厘米。每个发酵车上的放置量也大致相同。每天加热保温发酵 5～6 小时，第二天打开包裹的毛巾或纱布，擦去发酵过程中产生的汗水，再盖上毛巾或纱布，启动加热。重复 5 天，至豆荚发酵变成深褐色、柔软即可。将发酵处理后的豆荚移至玻璃纤维晾干房内，置于多层晾干架上，每层间隔 20～30 厘米，堆放厚度不超过 10 厘米。豆荚晾干期 15～20 天。在缓慢阴干过程中，每 2～3 天检查并翻动一次豆荚，将发霉豆荚及时选出并用酒精擦除消毒后阴干，避免霉菌交叉感染。也可在晴天将豆荚均匀摊放在大毛毯上，置于阳光下，每天日晒 5～6 小时；阴雨天置室内，以缩短干燥时间。

将符合条件的半成品按产品分级标准分级，把同级产品捆扎成 100～150 克/捆，然后消毒杀菌处理，装袋密封，每袋重约 1 千克。最后将袋装香草兰豆荚按级装入干净、完好、不透气的贮存容器（如有盖的锡桶、箱或马口铁桶）中，密封后放入贮藏室。室内温度调至 22℃左右，相对湿度控制在 70%左右效果最佳。贮藏 4～6 个月后，即为成品香草兰豆荚。香草兰豆荚鲜干比约为 5∶1。该法生产的香草兰产品经国内外众多香料厂家试用、检测与评定，产品色泽、柔软度、光泽、香气和香味等与进口的相似，品质符合香草兰国际 ISO5565－1：1999 标准要求。

四、初加工豆荚产品种类及品质要求

香草兰初加工产品种类有香草兰豆荚（图 6－3）、切段香草兰、混合香草兰、香草兰粉等。其品质要求如下。

图 6-3　加工后的豆荚

（一）香草兰豆荚

允许进行有利于其香味、香气形成的处理，处理后的豆荚具有清甜、独特的香味，香气纯正，香兰素含量 2.5%以上，呈深巧克力褐色至浅棕色，但可以有自然结霜；不允许导致其主要芳香成分（天然香兰素）含量或其他任何一种芳香成分含量变化的处理，无虫蛀、发霉、疤痕和氧化，不含杂酚油气味。鲜荚发酵生香后形成的商品荚根据色泽、气味、长度、含水量、香兰素等分为 4 级 8 等。

1A 级：整荚、完好，荚未裂开，柔软而饱满，自然光泽好，呈均匀的巧克力色至深褐色，除印痕外没有任何色斑，香味香气纯正、柔和，长度 16 厘米以上，最大含水量为 38%。

1B 级：特性与 1A 级相同，但荚已裂开。

2A 级：整荚、完好，未裂开，柔软而饱满，自然光泽好，呈均匀的巧克力色至深褐色，允许含少量色斑，但色斑长度不超过整荚 1/3，荚长度 14～16 厘米，最大含水量为 38%。

2B 级：特性与 2A 级相同，但荚已裂开。

3A 级：整荚，不够柔软且欠饱满，缺乏光泽，呈浅褐色，

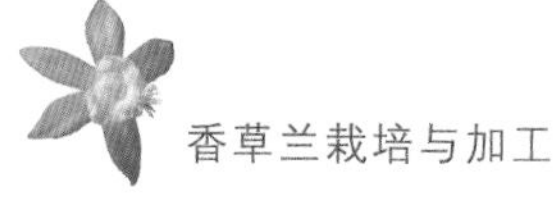

可以有较多的色斑，但色斑长度不超过整荚1/2，可以有少量红丝，但红丝长度不超过整荚1/3，豆荚香气纯正而柔和，长度10～14厘米，最大含水量为30%。

3B级：特性与3A级相同，但荚已裂开。

4A级：整荚、完好，个体细小，倾向坚硬，光泽性较差，色泽暗红，呈棕褐色，有明显缺陷，带红色色斑，色斑长度不超过整荚1/2，具有香草兰的特征香气，最大含水量为25%。

4B级：整荚，裂荚、混杂的劣等品，木质状、荚细小、弯曲、无光泽、色斑、红丝较多，呈棕红色，具有香草兰的特征香气，最大含水量为20%。

（二）切段香草兰

切段香草兰应由符合品质要求的香草兰豆荚制备而成，豆荚完好且具有良好的独特香味，呈深巧克力褐色至浅棕色，最大含水量为30%。包装时如切段够长，则应将同一长度的捆成小捆，不能捆扎的可散装袋。切段应装在干净、完好、不透水的容器中，制作容器的材料不得影响产品品质。

（三）混合香草兰

混合香草兰应由符合品质要求的香草兰豆荚获得，豆荚完好且具有良好的独特香味，呈深巧克力褐色至浅棕色，最大含水量为30%。产品应装在干净、完好、不透水的容器中，制作容器的材料不得影响产品品质。

（四）香草兰粉

香草兰粉应由符合品质要求的香荚兰豆荚制备而成，能通过孔径为0.84毫米的筛网，呈深巧克力褐色至浅棕色，具有自然

和非常独特的香味，最大含水量为20%。未进行过会引起天然香兰素含量和其他香味组分含量变化的处理，不含外来物质或有霉味、杂酚油味及其他异味。产品应装在干净、完好、不透水的容器中，制作容器的材料不得影响产品品质。

第三节　商品豆荚理化特性

根据行业标准，香草兰豆荚按长度区分为：一级豆，16厘米以上；二级豆，14～16厘米；三级豆，12～14厘米。样品选取见图6-4。

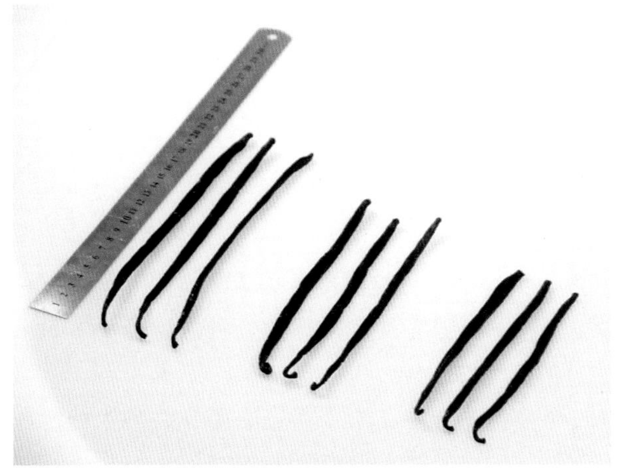

图6-4　不同等级香草兰豆荚

一、豆荚水分含量

香草兰初产品（商品豆荚）的含水量应符合NY/T 483—2002的规定，见表6-1。

表 6－1　香草兰商品豆荚水分含量要求

特　　性	要　　求						检测方法
	香草兰豆荚				切段香草兰和混合香草兰	香草兰粉	
	级别						
	1	2	3	4			
最大含水量（%）	38	38	30	25	30	20	ISO5565－2

二、香草兰豆荚相关理化特性（表 6－2）

表 6－2　香草兰豆荚相关理化特性

原料	色状	香气	相对密度	折光指数	酸值	酯值	不挥发物（%）
香草兰豆荚	深褐色	清甜，浓郁	0.41±0.25	—	20.79±0.04	196.56±0.05	92.75±0.21

三、主要香气物质含量

海南产一级香草兰豆检测出芳香族 22 种、醛类 11 种、酮类 9 种、酸类 4 种、醇类 5 种、杂环类 6 种、烷烃类 8 种和酯类 2 种；二级豆依次为 21、11、9、4、5、7、7 和 1 种；三级豆依次为 15、13、9、4、6、7、5 和 1 种。各类化合物中芳香族相对含量最高，在一、二、三级豆中分别为 88.99%、88.35% 和 82.55%；一级豆中醛类、酮类、酸类和杂环类相对含量均少于二级豆，而三级豆相对含量最高分别为 3.68%、5.60%、1.72%和 2.57%；酯类相对含量接近 0.03%；烷烃类一级豆相对含量为 1.36%，二、三级豆分别为 0.49%和 0.72%。

香草兰中主要挥发性成分是香草醛、香草酸、4－羟基苯甲醛和 4－羟基苯甲酸。经 HPLC 法检测不同等级豆中所含四种主

要香气物质的百分含量，其中香草醛、香草酸含量存在显著性差异（$P<0.05$），一级豆中香草醛含量（干重）为3.56%，二级豆为3.11%，三级豆为2.63%；香草酸含量为一级豆0.21%，二级豆0.19%，三级豆0.15%；4-羟基苯甲醛含量则是二级豆最高，为0.15%，一级豆和三级豆分别为0.14%、0.10%；三级豆中4-羟基苯甲酸含量较低，三个等级豆均在0.02%左右。香草兰豆荚香兰素（香草醛）的含量主要取决于品种、种植区域、栽培、收获和加工条件，同时也取决于其长度。香兰素的含量采用ISO5565-2：1999中的4.2规定的方法或气相色谱内标法测定。在一定含水量条件下，香兰素含量通常为1.0%～5.0%。

第四节　贮藏运输

一、贮藏

香草兰鲜荚原则上当天采收当天加工，如因路程、运输、气候等须暂时贮存，时间不宜过长，堆放厚度不得超过50厘米，存放场地应清洁、通风、易排水；香草兰豆荚、切段香草兰、混合香草兰和香草兰粉应按级别、生产批号、产品类型分开摆放贮存，贮存环境应清洁卫生、干燥、通风良好或在贮存仓库安装空调设备，贮存室内温度保持在22℃左右为宜。把同级的香草兰豆荚捆绑成小捆，装进干净、完好、不透水的容器中密封贮存，制作容器的材料不得影响产品品质（应选用有盖的锡桶、马口铁桶等，并用蜡纸垫隔）。

二、运输

香草兰鲜荚长途运输时，要用有盖的竹、藤编制的筐进行包装，逐层堆放平整，用绳固牢，轻装轻卸，即时运输，运输途中谨防日晒雨淋。香草兰豆荚、切段香草兰、混合香草兰和香草兰粉的运输须注意防潮、防晒，并不得与有毒物品混运，轻装轻卸，运输途中不得损坏内外包装。根据香草兰豆荚分级标准的类别，装同级别小捆豆荚的容器应基本一致，内装同级豆荚的同一系列容器构成一批，交运货物由同级的一批或不同级的几批组成。装香草兰豆荚、切段香草兰或混合香草兰的每个容器或容器上的标签上应标明产品名称（与植物学品种名称相符）、执行的产品标准编号、商品形态、生产国、收获年份、代码、商标、批号或检验证号以及买方要求的其他所有相关说明资料信息。

第五节　我国主要香草兰系列产品

一、初加工产品

香草兰商品豆荚

1. 工艺流程

鲜荚⟶分级⟶清洗⟶杀青⟶发酵⟶干燥⟶陈化⟶检测⟶包装

2. 操作要点

①分级：按照NY/T 483—2002分级标准选择无机械损伤及病虫害的果荚。豆荚均发育正常，粗细均匀。1级：长16厘米以上完整未裂荚；2级：长14厘米以上完整未裂荚；3级：长14厘米以下完整未裂荚；4级：自然过熟裂荚，发育正常的、断裂的成熟鲜荚及误摘嫩荚。

②清洗杀青：鲜豆荚经过清洗与杀青一体机流水线操作完成，65℃条件下杀青3分钟（图6－5）。

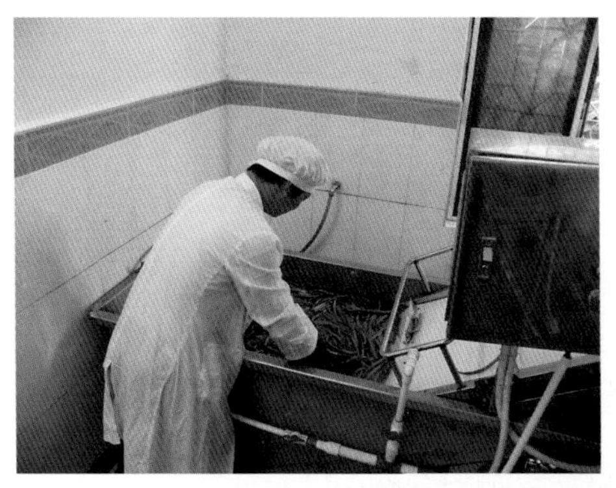

图 6-5　清洗杀青

③发酵：将杀青处理后的鲜豆荚迅速沥干或擦干表皮水分，趁热放置在垫有毛巾或纱布的单元式热空气设备发酵盘里，摊开豆荚再加盖毛巾或纱布。温度设置 55℃，每天加热保温发酵 5～6小时，发酵 5 天左右（图 6-6）。

图 6-6　发　酵

④干燥：将发酵处理后的豆荚移至特制的玻璃纤维晾干房

内，置于设有多层的晾干架上，每层间隔 20～30 厘米，堆放厚度不超过 10 厘米，豆荚晾干期一般 15～20 天。2～3 天检查并翻动一次豆荚，将发霉豆荚及时选出并用酒精擦除消毒后另行阴干，避免霉菌交叉感染（图 6－7、图 6－8）。

图 6－7 晾 干

图 6－8 翻动并检查豆荚

⑤陈化：把同级产品捆扎成 100～150 克/捆，消毒杀菌处

理，装袋密封，每袋重约1千克；最后将袋装香草兰豆荚按级装入干净、完好、不透气的贮存容器（如有盖的锡桶、箱或马口铁桶）中，密封后放入贮藏室，陈化后熟（图6－9）。室内温度调至22℃左右，相对湿度控制在70％左右效果最佳。

图6－9　陈化后熟

⑥检测：检测评定产品的色泽、柔软度、光泽、香气和水分等是否符合香草兰国际ISO5565－1：1999标准要求。

⑦包装：采用复合包装（图6－10、图6－11）。

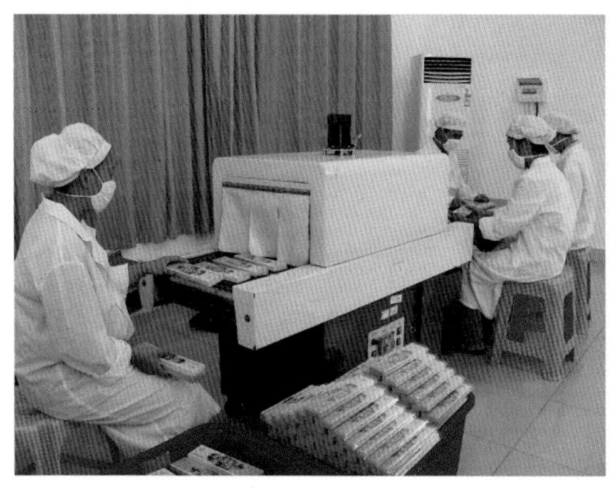

图6－10　包装商品豆荚

图 6-11　包装后的商品豆荚

按照以上工艺流程加工得到的香草兰豆荚分别进行切断、混合及制粉处理，即得切段香草兰、混合香草兰和香草兰粉。

二、深加工产品

（一）香草兰豆酊（浸剂）

1. 工艺流程

商品豆荚⟶切断或粉碎⟶乙醇浸提⟶过滤⟶豆酊

2. 操作要点

①制备商品豆荚：根据香草兰商品豆荚的加工工艺制备商品豆荚。

②切段香草兰或香草兰粉：把同级商品豆荚扎成捆，用切割机切段豆荚或在低温下将豆荚进行干燥后粉碎，过筛。

③乙醇浸提：物料比 1∶2 至 1∶5 加入乙醇，用不锈钢浸提

罐浸提一定时间。

④过滤：用 74 微米孔径的滤布过滤浸提溶液，所得滤液即为豆酊。

乙醇浸提分为热浸提、冷浸提。一种是先将香草兰豆荚切成小丁或切碎，放入浸提器中，用 95%的乙醇在 50～60℃浸提 48 小时，然后过滤除去残渣，得香草兰酊剂（热酊）；另一种是将豆荚切成 1～2 厘米的小段，加入 50%～60%的乙醇溶剂中，在浸提过程中经常搅拌，浸提时间通常为 1～3 个月，然后把浸出液慢慢排出并过滤，得香草兰酊剂（冷酊）。一般反复浸提 3 次后进行溶液混合、调和、陈化；所得产品批次间具有较好的稳定性，品质一致。香草兰豆酊清甜、具有香草兰特有的香味，深褐色液体，有少量沉淀物。具体理化及卫生指标如表 6－3。

表 6－3　香草兰豆酊理化指标及卫生指标

项　目	指　标
折光指数（20℃）n^{20}	1.350 0～1.380 0
相对密度（20℃）d^{20}	0.860 0～0.938 0
乙醇含量（20℃），%	>50
酸值	≤8
砷（以 As 计），毫克/千克	≤3
铅（以 Pb 计），毫克/千克	≤10

豆酊产品应装于清洁、无异味、封密性好的铝桶或镀锌铁桶内，贮存于干燥、通风、阴凉的仓库内。运输时要保证运输工具清洁、干燥、无异味、无污染。运输中应放置在阴凉处，防止日晒雨淋，严禁与有毒、有异味物质混放。

（二）浸膏（油树脂）

1. 工艺流程

商品豆荚──→切断或粉碎──→乙醇浸提──→过滤──→蒸发乙醇──→成品

2. 操作要点

①制备商品豆荚：根据香草兰商品豆荚的加工工艺制备商品豆荚。

②切段豆荚或粉碎：把同级商品豆荚扎成捆，用切割机切段豆荚或在低温下将豆荚干燥后粉碎，过筛。

③乙醇浸提：物料比 1∶2 至 1∶5 加入乙醇，用不锈钢浸提罐浸提一定时间。

④过滤：用 74 微米孔径的滤布过滤浸提溶液，所得滤液即为成品。

⑤蒸发乙醇：将浸提液（酊剂）真空低温蒸发，除去有机溶剂即制得香草兰浸膏（油树脂）。

香草兰浸膏（油树脂）是将香草兰的浸提液（酊剂）真空低温蒸发，除去有机溶剂而制得。浸提 40 天时浸提液中香草醛含量为 1.73%，浸膏得率为 5.48%。香草兰浸膏为深褐色膏状固体，相对密度、折光指数、不挥发物含量、酸值和酯值依次为 1.24、1.51、80.88%、46.49、235.02。

（三）香草兰精油

1. 工艺流程

商品豆荚──→粉碎──→超临界提取──→成品

2. 操作要点

①制备商品豆荚：根据香草兰商品豆荚的加工工艺制备商品豆荚。

②豆荚粉碎：把同级商品豆荚扎成捆，用切割机切段豆荚后干燥粉碎，过筛。

③超临界提取：将粉碎的物料放入超临界萃取釜中，设置萃取温度，物料在超临界状态下萃取后通过放料阀放出，得到精油。

（四）香草兰糖果

1. 工艺流程

配料→粉碎→熬煮→过滤→溶糖→熬煮糖浆→冷却→浇注成型

2. 操作要点

①配料：准备香草兰豆荚、白砂糖、葡萄糖浆。

②粉碎：选择无霉变、具有天然香草兰特殊香味的豆荚，粉碎，过孔径0.84毫米的筛网备用。

③熬煮：将香草兰粉加水熬煮，粉与水的比例为1∶4至1∶7，前期用大火，待煮沸后改用文火熬煮，溶液浓缩至40%～55%。

④过滤：过滤熬煮过的香草兰溶液，滤液待用。

⑤溶糖：用滤液作为溶剂溶糖，白砂糖与溶液的比例为1∶0.4至1∶0.7，白砂糖一定要充分溶解，以防止糖果出现返砂现象。

⑥熬煮糖浆：将葡萄糖浆加入糖液一起熬煮，温度保持在90～120℃，不断搅拌糖浆至含水量7%以下。糖液与葡萄糖浆的比例为1∶0.4至1∶0.6。

⑦冷却浇注：将糖膏冷却至55～75℃，浇注成型即可。

（五）香草兰果脯

1. 工艺流程

配料→选果→去核→糖煮→糖渍→整形→烘

烤——→成品

2. 操作要点

①配料：香草兰制品、新鲜水果、白砂糖。

②选果：选果形大小一致，无虫蛀和疤伤，成熟度适当的果实为原料。

③去核：果实清水洗净，用专用工具去除果核。

④糖煮：称取已去核果实和砂糖，比例为 2∶1。先将一半砂糖放入锅内，加水溶化，配成浓度为 45%～50%的糖液。倒入果实，用旺火迅速煮沸，余下的砂糖分成 3 份，每隔 15～20 分钟投入 1 份于煮沸的锅内。最后 1 份砂糖投入后继续煮 15～20 分钟，直至果肉被糖液完全浸透。

⑤糖渍：将果实连同糖液一起倒入缸内，趁热加入天然香草兰酊剂，酊剂的重量为果实重量的 0.5%～1.5%，充分搅拌均匀，浸渍 1～2 天，然后捞出，沥干糖液。

⑥整形、烘烤：将糖渍后果实整形，放入烘盘置于烘箱，用 50～60℃的温度烘烤 1 天至含水量低于 25%即可。

（六）香草兰冰激凌

1. 工艺流程

配料——→混匀——→热蒸——→浇注——→冷冻——→成品

2. 操作要点

①配料：蛋黄 6 个、牛奶 2 杯、糖 1 杯、盐 1/4 茶匙、稠奶油 2 杯、纯豆酊 1 汤匙、剖开的香草兰豆荚 1 根。

②混匀：将蛋黄和牛奶搅拌均匀，加入糖、盐和豆荚种子混匀。

③热蒸：将蛋黄、牛奶、糖、盐和豆荚种子混合物热水蒸至黏稠，其间不停搅拌，视黏金属勺为度，冷却后盖好放进冰箱

冷透。

④浇注冷冻：拌入奶油和豆酊，倒进冰激凌器，冷冻后压坚实便可食用。

图 6－12　香草兰冰激凌

（七）香草兰风味茶系列产品

1. 工艺流程

配料⟶干燥⟶拼配⟶窨制⟶成品

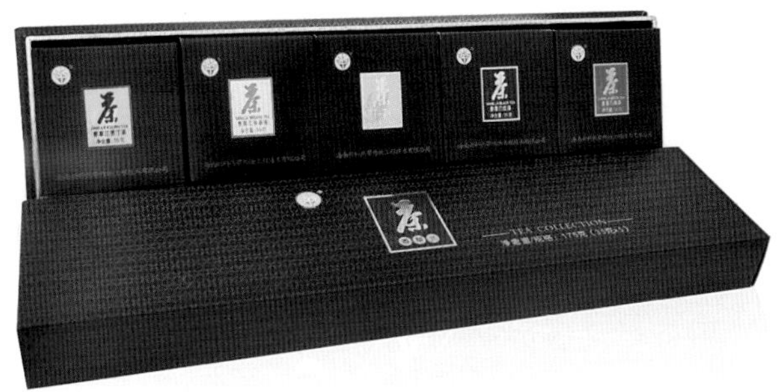

图 6－13　香草兰风味茶

2. 操作要点

①配料：香草兰制品、白兰鲜花、糯米香叶、绿茶、红茶、鹧鸪茶、苦丁茶等。

②干燥：采用瓶式炒干机对茶基复火，降低茶叶含水量，有利香味吸附。

③拼配：将复火后的优质茶基、天然香料和其他辅料拼配。

④窨制：将拼配好的茶叶装入密封容器中窨制。窨制茶汤鲜亮，既保持原有茶味，又有香草兰的独特香味，口感爽润，满颊生香，茶汤不凉不烫时品味最好。

a. 香草兰苦丁茶

将香草兰酊剂与苦丁茶初产品充分混合，密封窨制 6～8 天，在 70℃左右的干燥箱复火烘干 1～2 小时，含水量 7%以下即可。

b. 香草兰积雪草茶

由积雪草、绿碎茶和香草兰制成，每种材料所占的重量份额分别为：积雪草 20～28 份、绿碎茶 70～75 份、香草兰商品豆荚 0.5～1.5 份。将积雪草洗净，晾干至失水率达 70%～80%，60～70℃烘烤 1～2 小时，冷却粉碎；香草兰豆荚 60～70℃烘烤 1～2 小时，冷却粉碎。将香草兰粉、积雪草粉和绿碎茶混匀窨制，密封存放 8～15 天即可。

c. 香草兰姜红茶

由香草兰酊剂、红碎茶和姜粉制成，按重量比香草兰 2%～4%、红碎茶 58%～66%、姜粉 30%～40%。将香草兰酊剂、红碎茶和姜粉搅拌混合窨制，密封存放 8～15 天即可。

（八）香草兰风味咖啡

1. 工艺流程

配料⟶筛选⟶焙炒⟶冷却⟶粉碎⟶调配⟶窨

制──→检验──→成品

2. 操作要点

①配料：香草兰酊剂、咖啡、食用酒精、白糖、奶油、天然多糖类物质等。

②筛选：除去杂质，以及霉变、虫蛀、变酸或变黑的咖啡豆。

③焙炒：在200～220℃的远红外线焙炒炉中烘烤咖啡豆至有明显炸裂声即可。将烘烤后的咖啡豆缓慢倒入拌料锅，启动风扇与抽风机，以除去皮、壳、灰尘等杂质。加入白糖、奶油等辅料焙炒至咖啡粒表面有明显麻花点，颜色变为深棕色即可出锅。

④冷却：出锅的咖啡豆及时翻拌、拍散成粒以便迅速冷却。

⑤粉碎：冷却的咖啡豆采用中磨法及时粉碎，即得咖啡粉。

⑥调配：将香草兰酊剂、咖啡粉、其他天然香料按比例调配均匀。

⑦窖制：调配后的咖啡粉装桶密封，窖制3～8天，将香草兰的天然香气固定在咖啡粉上。

⑧检验：窖制后的咖啡粉须经过检验才能包装。

（九）香草兰饼干

1. 工艺流程

配料──→混料──→打蛋──→浇模──→烘烤──→成品

2. 操作要点

①配料：过筛面粉、发酵粉、盐、糖、鸡蛋（蛋黄和蛋清分开）、豆酊、黄油、牛奶或酸奶、油。

②混料：预热烤箱至350℃，将面粉筛进发酵粉及盐中，待用。搅拌黄油成糊状，加入糖、蛋黄和豆酊，直至柔软蓬松。依次把面粉、黄油、牛奶、面粉加入到糊状物中搅拌均匀。

③打蛋：在器皿中搅拌蛋清直至稠和但不要过干，加入糊状物中均匀搅拌。

④浇模：把糊状物展开并用勺子浇注到模具中，撒上一定量的糖。

⑤烘烤：将浇注好的模具放入烤箱烤 12～15 分钟，饼的周边变为金黄色，然后移到架子上，再撒上糖，完全冷却即可。

（十）香草槟榔干

1. 工艺流程

配料⟶选果⟶烫煮、腌渍⟶糖渍⟶漂洗、烘烤⟶调香⟶干燥

2. 操作要点

①配料：香草兰、槟榔、白砂糖、甘草。

②选果、清洗：选择无虫蛀、无异味的槟榔干果，洗净灰尘并除去杂质。

③烫煮、腌渍：将甘草用干净纱布包好，与洗净的槟榔干果、水一起煮沸，槟榔干果与甘草的重量比为 1∶0.08 至 1∶1.2，槟榔干果与水的重量比为 1∶2 至 1∶8，再用文火煮 10～30 分钟，腌渍 24～96 小时。

④糖煮、糖渍：白砂糖与水的重量比 1∶2 至 1∶6，称取所需白砂糖与水一起煮沸，至糖粒完全溶化后加入腌渍好的槟榔文火煮 0.5～2 小时，然后糖渍 24～96 小时。

⑤漂洗、烘烤：将糖渍的槟榔取出，洗去表面糖液，剔除甘草，平整放入 70～120℃的烘箱内，厚度以不超过 5 厘米为宜，烘烤 40～100 分钟。

⑥调香：烘烤好的槟榔冷却后与香草兰酊剂调配，槟榔与酊剂的重量比为 1∶0.01 至 1∶0.10，混合均匀后用食品级塑料袋

密封存放 24 小时以上。

⑦干燥：经调香的槟榔放入 45～80℃的烘箱，厚度以不超过 5 厘米为宜，烘 50～120 分钟，至槟榔干不粘手，有一定的柔软度即可。

（十一）香草兰酒

1. 工艺流程

配料——→浸提液制备——→调配——→陈化——→成品

图 6－14　香草兰酒

2. 操作要点

①配料：香草兰商品豆荚、基酒、红香籼米酒、紫米黄酒、白葡萄酒、其他辅助香料。

②浸提液制备：香草兰整荚或切段豆荚，用基酒浸泡，过滤澄清得整荚母液。

③调配：添加其他辅料与母液进行调香。

④陈化：静置陈化，装瓶杀菌封口。

（十二）香草兰香水（香熏）系列

1. 工艺流程

配料⟶精油制备⟶预处理⟶混合⟶醇化⟶冷冻⟶检验⟶装瓶

图 6-15　香草兰香水

2. 操作要点

①配料：香草兰、胡椒、依兰、白兰等；乙醇、固定剂等其他辅料。

②精油制备：精油或浸提液由有机溶剂提取、水蒸气蒸馏或超临界二氧化碳萃取制备得到。

③预处理：乙醇预处理（包括纯化和陈化）、精油预处理、水的预处理。

④混合：将乙醇、精油和水按照精确配方比例放入不锈钢或搪瓷、搪银的容器中搅拌混合，之后在 25～30℃无光条件下储存几周，储存时间视香水配方不同各有差异，目的是让精油中的杂质充分沉淀，以改善香水成品的澄清度。

⑤醇化：混合好的香水混合物注入密闭容器中醇化，使复杂的成分在贮藏过程中与乙醇产生酯化反应生成新物质。

⑥冷冻：醇化后的香水需在低温环境下保存几周，在较低温下香水会变成半透明的浑浊状液体，为下步过滤做准备。

⑦检验：用仪器对比色泽，测定比重以及折光指数，用常规方法测定乙醇含量等。

⑧装瓶：瓶子用蒸馏水清洗。装瓶时应在瓶颈处留出一些空隙，防止贮藏期间瓶内溶液受热膨胀而使瓶子破裂。

第七章

发展前景

第一节 作用功效

香草兰是 2 800 多种兰科植物中最有实用价值的优质食用香料植物之一。成熟的香草兰鲜荚发酵生香后含有 250 多种风味成分，其产品香气独特，留香持久，素有“食品香料之王”的美誉。据 Montoya 记载，500 多年前，墨西哥阿兹特克皇帝蒙特祖马首先采用香草兰秘制风味调香料。后来，香草兰被西班牙航海家们带入西班牙，建造了世界上第一个以香草兰为香料生产巧克力的工厂。17 世纪初香草兰被传入法国，从此香草兰在欧洲大陆备受欢迎，需求量逐年增加，到 19 世纪已在许多国家广泛应用。几百年来，它一直是世界贸易的主要货物之一。

香草兰的应用除从香草兰商品豆荚中提取香兰素直接使用外，还可用有机溶剂浸提制成香草兰酊剂；以苯或丙酮抽提浸提物制取香草兰精油；或直接将豆荚研磨成粉用作家用调香料。所制得的产品均具有沁人心脾的独特香气，在当今食品行业诉求“回归自然”的趋势下，香草兰作为天然香料被广泛应用于生产

各种食品，是糕点、烟酒、茶叶、乳制品、糖果、饮料等的高级配香原料；还用于化妆品行业，主要生产高档香水；也是发酵、装饰和日用产品的重要香精来源。

医学研究者发现，香草兰不仅是极佳的天然香料，还是用途广泛的天然药材，有补肾、健胃、消胀、健脾的疗效，适合制造芳香型神经系统兴奋剂和补肾药。1794年，据Braham报道，香草兰豆荚具有强心、补脑、健胃、祛风作用，并能排除梗阻、降低体液黏稠度、利尿、通经。它对神经系统具有刺激作用，能改善脑机能，有提神作用，也可增强肌肉力量，效果类似于秘鲁香脂。在欧洲，它被用来治疗癔症、抑郁症、阳痿、虚热、风湿病、胃病，以及补肾、解毒等。在墨西哥，人们把香草兰用于通经、促进分娩、促使死胎流产、健胃、排除胃肠胀气和解毒。英国、美国和德国等许多国家的医学药典中，都曾记载了香草兰的药理作用。

香草醛是香草兰商品豆荚中主要呈香物质，具有体外抗真菌活性，如抗酵母菌、白色念珠菌和新型隐球酵母。据报道，在培养基和一些水果中，香草醛能够抑制一些食品腐败酵母（例如酿酒酵母、罗氏酵母和黑曲霉酵母）的生长。有研究提出香草醛有潜在医学意义，前人已经发现氨苄青霉素在小鼠和细菌中具有抗诱变作用。香草醛可以对中国仓鼠肺的V79细胞的X射线和紫外线辐射诱导的染色体变化起到保护作用。香草醛也用作抗氧化剂。在通常加入到食品制剂中的浓度下，可有效防止大鼠肝线粒体中光敏化引起的蛋白质氧化和脂质过氧化，该研究表明这种流行的调味化学品具有抑制哺乳动物组织中膜氧化损伤的潜力。

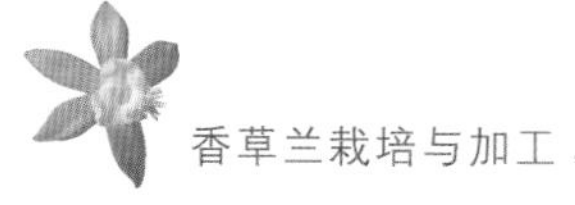

第二节 发展前景分析

香草兰原产于墨西哥东南部、中美洲、西印度群岛和南美洲的热带雨林中，主要在南北纬 25°以内、海拔 700 米以下的热带亚热带地区种植。在我国，主要在海南、广东、广西、四川和云南等地种植，是边远不发达地区农民增收的新亮点。随着人们生活水平的提高，对香草兰的需求量逐年增加，在国际市场上供不应求，发展香草兰生产具有巨大的市场潜力。

香草兰为兰科藤本攀缘植物，喜荫蔽，对土壤肥力要求不高，适宜林下复合栽培。热带经济林天然橡胶、槟榔、椰子等在我国热带亚热带地区广泛种植，面积达几十万公顷。林下复合栽培香草兰既可以实现农林资源共享，降低经营者的劳动成本，减少化肥农药等生产成本，提高单位土地面积综合效益，达到以短补长，解决间作物非生产期缺少收入的问题，又可减少市场价格波动和自然灾害等对产业发展造成的不利影响。2012 年，国务院办公厅文件《关于加快林下经济发展的意见》（国办发〔2012〕42 号）明确提出，要加大科技扶持和投入力度，重点加强适宜林下经济发展的优势品种的研究与开发；推进示范基地建设，形成一批各具特色的林下经济示范基地，通过典型示范，推广先进实用技术和发展模式，辐射带动广大农民积极发展林下经济。经济林下复合栽培香草兰不需建立设施荫棚，投入成本低，香草兰一般种植 2～2.5 年即可开花结果。按每公顷产 750 千克鲜豆荚、销售价格 300 元/千克计算，平均年产值可达 22.5 万元/公顷，是一种经济价值较高的香料作物。因此，在我国热带亚热带地区发展香草兰种植业前景广阔。

20 世纪 80 年代，中国热带农业科学院香料饮料研究所引种

试种香草兰成功，在此基础上开展了种质资源收集保存、鉴定评价等工作，制定了种质资源描述规范和质量控制规范，研发了丰产栽培、病虫害综合防控、产地加工等产业化配套技术，填补了国内外香草兰研究的多项空白，为中国乃至世界香草兰产业发展提供了有力的技术支撑。2013 年，中国提出共建“丝绸之路经济带”和“21 世纪海上丝绸之路”（简称“一带一路”）的重大倡议，而海南被列为“一带一路”的重点区域。许多“一带一路”沿线国家均是香草兰的主产国，科技欠发达，对种植技术有强烈需求，这为香草兰种植加工技术“走出去”和原材料豆荚的进口提供了有利条件。另外，香草兰为热带特色经济作物，是热带边远不发达地区农民脱贫致富的主要经济来源之一，对打好扶贫攻坚战和全面实施乡村振兴战略具有重要的意义。因此，发展香草兰产业具有重要的现实意义。

在我国发展香草兰产业，建议加强以下几方面的研究工作。

1. 优良栽培品种培育及健康种苗繁育 生产上香草兰主要采用从生长健壮的植株顶部割取尚未开花结荚的母蔓作为种苗。长期的割蔓繁育后代导致香草兰种苗退化，种植后植株长势变差，产量下降。因此，开展优良栽培品种创制、筛选、培育及健康种苗繁育技术研究与应用是实现香草兰丰产栽培的前提和基础。

2. 林下复合栽培配套技术研究与推广 经过多年研究和筛选，槟榔、椰子、芒果、荔枝、龙眼、油棕、莲雾、银合欢、菠萝蜜等热带亚热带经济林均可作为香草兰的荫蔽树。中国热带农业科学院香料饮料研究所科技人员系统研究了槟榔林下复合栽培香草兰种植密度、养分综合管理、荫蔽度调节等关键技术，提出配套栽培技术，为槟榔林下复合栽培香草兰提供了技术支撑。通过技术的辐射推广应用，提高了单位土地面积经济效益，增加了种植户收入。但是，目前其他复合栽培模式研究较少，缺乏相应的配套技术，存在管理粗放、种植密度不合理、养分管理和病虫害防治等生产技术不配套问题，限制了经济效益潜力的发挥，影响了农户的生产积极性，制约了林下复合栽培香草兰的健康可持续发展。因此，应加强适宜荫蔽树选择、种植密度、养分管理、整形修剪等方面研究，以提高林下复合栽培香草兰种植水平，增加经济效益。

3. 香草兰精深加工技术及产品研发 经过多年系统研究，中国热带农业科学院香料饮料研究所研发了单元式热空气发酵生香、复合配香、有效成分萃取分离与定向纯化等加工技术，并配套研制了鲜荚连续杀青设备，实现鲜果荚清洗、杀青一体化，效率是传统杀青法的3倍，大大降低了劳动强度；研究提出食品专用型香草兰酊剂加工工艺及质量评价标准，并开发香草兰茶、香水、香膏、香氛、酒、冰激凌、巧克力等香草兰系列科技产品20余种，拓展了香草兰的应用领域。但中国目前开发的香草兰系列产品与国际知名品牌相比，仍存在产品附加值低、品牌知名度不高等问题。因此，开展香草兰有效成分提取、分离、纯化，以及酊剂在高端产品领域的应用，研发高附加值产品，打造提升品牌知名度，可使香草兰产业在我国具有更广阔的发展前景。

参考文献

陈建华，张晓峰，翁少伟，等，2015. 香荚兰豆酊热提工艺、原料产地研究及成分分析［J］. 香料香精化妆品（1）：17－22.

陈谦海，2004. 贵州植物志：第10卷［M］. 贵阳：贵州科技出版社.

陈庆文，郭运青，2010. 海南香草兰产业发展概况［J］. 热带农业科学，30（7）：61－64.

程瑾，罗敦，黄琼雅，等，2006. 广西雅长兰科植物保护区考察见闻［J］. 中国自然（4）：24－26.

丁慎言，尹俊梅，2005. 海南岛野生兰花图鉴［M］. 北京：中国农业出版社.

高圣风，刘爱勤，桑利伟，等，2015. 香草兰根（茎）腐病病原菌鉴定及其致病性测定［J］. 热带农业科学，35（1）：39－44.

顾文亮，吴刚，朱自慧，等，2013. 香草兰花粉保存与种间杂交育种初步研究［J］. 热带作物学报，34（12）：2313－2319.

顾文亮，陈娅萍，王辉，等，2015. 不同疏果处理下香草兰果荚脱落及其内源激素含量变化研究［J］. 热带作物学报，36（3）：551－556.

贾月静，2010. "香料皇后"的诱惑之旅［J］. 看历史，12（3）：135－138.

金效华，吉占和，覃海宁，等，2002. 贵州兰科植物增补［J］. 植物分类学报，40（1）：82－88.

Lawler L J，庄馥萃，1991. 香荚兰的药疗作用［J］. 亚热带植物科学（1）：64－64.

李延辉，1996. 西双版纳高等植物名录［M］. 昆明：云南民族出版社.

李智，初众，姚晶，等，2015. 海南产不同等级香草兰豆挥发性成分分析［J］. 食品科学，36（18）：97-102.

梁淑云，吴刚，杨逢春，等，2009. 香荚兰属种质研究与利用现状［J］. 热带农业科学，29（1）：54-58.

林进能，1989. 香荚兰果加工及生香的一些生化基础［J］. 香料香精化妆品，（z1）：23-27.

林进能，黄士诚，1989. 香荚兰果荚的生香与加工［J］. 食品科学，10（4）：17-19.

刘爱勤，1997. 海南省香草兰主要病害发生预测与综合防治建议［J］. 热带作物科技（5）：57-58.

刘爱勤，2013. 热带特色香料饮料作物主要病虫害防治图谱［M］. 北京：中国农业出版社.

刘爱勤，张翠玲，1998. 9种杀菌剂对香草兰细菌性软腐病菌的室内毒力测定［J］. 热带农业科学（4）：1-2.

刘爱勤，黄根深，2000. 香草兰细菌性软腐病发生规律研究初报［J］. 热带作物学报，21（3）：39-44.

刘爱勤，张翠玲，黄根深，等，2007. 香草兰细菌性软腐病防治研究［J］. 植物保护，33（5）：147-149.

刘爱勤，桑利伟，孙世伟，等，2008. 香草兰疫霉菌对9种杀菌剂的敏感性测定［J］. 农药，47（11）：847-848.

刘爱勤，曾涛，曾会才，等，2008. 海南香草兰疫病发生情况调查及疫霉菌种类鉴定［J］. 热带作物学报，29（6）：803-807.

刘爱勤，桑利伟，谭乐和，等，2011. 海南省香草兰主要病虫害现状调查［J］. 热带作物学报，32（10）：1957-1962.

刘爱勤，桑利伟，孙世伟，等，2012. 6种药剂防治香草兰疫病田间药效试验［J］. 热带农业科学，32（4）：76-78.

刘仲健，陈心启，茹正忠，2007. 深圳香荚兰：首次发现于华南深圳的兰科新种［J］. 植物分类学报，45（3）：301-303.

王昌禄，李士炼，周庆礼，等，2005. 大孔吸附树脂对发酵液中香兰素的吸附效果［J］．精细化工，22（6）：458－460.

王华，王辉，赵青云，等，2013. 槟榔不同株行距间作香草兰对土壤养分和微生物的影响［J］．植物营养与肥料学报，19（4）：988－994.

王辉，庄辉发，宋应辉，等，2012. 不同密度槟榔间作对香草兰叶绿素荧光特性的影响［J］．热带农业科学，31（11）：4－6，12.

王庆煌，2012. 热带作物产品加工原理与技术［M］．北京：科学出版社．

王庆煌，宋应辉，梁淑云，1994. 香草兰丰产栽培技术研究［J］．热带农业科学（2）：50－57.

王庆煌，朱自慧，2004. 香草兰［M］．北京：中国农业出版社．

魏来，初众，赵建平，2009. 香草兰的药用保健价值［J］．中国农学通报，25（6）：249－251.

吴德邻，1994. 海南及广东沿海岛屿植物名录［M］．北京：科学出版社．

徐飞，初众，谷风林，等，2013. 基于酶解后乙醇萃取香草兰净油的GC-MS分析［J］．中国粮油学报，28（6）：106－110.

袁媛，陈光英，2007. 海南香草兰生物活性研究新进展［J］．中国热带医学，7（8）：1453－1454.

张翠玲，刘爱勤，1998. 香草兰根（茎）腐病室内有效杀菌剂的筛选［J］．热带农业科学（2）：9－12.

张翠玲，刘爱勤，汤利华，2000. 香草兰根（茎）腐病研究初报［J］．云南农业科技（2）：34－35.

赵建平，王庆煌，宋应辉，等，2006. 香草兰产业开发与应用配套技术研究成果［J］．热带农业科学，26（6）：38－42.

赵青云，王辉，王华，等，2012. 种植年限对香草兰生理状况及根际土壤微生物区系的影响［J］．热带作物学报，33：1562－1567.

赵青云，王辉，庄辉发，等，2014. 海南香草兰园土壤酸化现状及酸化原因分析［J］．热带农业科技，37：12－13，21.

赵青云，赵秋芳，王辉，等，2014. 施用不同有机肥对香草兰生长及土壤酶活性的影响［J］．热带作物学报，35（2）：256－260.

中国科学院华南植物园，2006. 广东植物志：第7卷［M］．广州：广东科技出版社.

中国科学院昆明植物研究所，2003. 云南植物志：第 14 卷［M］. 北京：科学出版社.

中国科学院中国植物志编辑委员会，1999. 中国植物志：第 18 卷［M］. 北京：科学出版社.

周江，邓亦峰，黄茂芳，1998. 超临界 CO_2 提取香草兰中香兰素的研究［J］. 食品与机械（6）：16.

Boonchird C，Flegel T W，1982. In vitro antifungal activity of eugenol and vanillin against Candida albicans and Cryptococcus neoformans［J］. Canadian Journal of Microbiology，28（11）：1235－1241.

Bory S，Grisoni M，Duval M F，et al，2008. Biodiversity and preservation of vanilla：present state of knowledge［J］. Genet Resour Crop Evol，55：551－571.

Cerrutti P，Alzamora S M，1996. Inhibitory effects of vanillin on some food spoilage yeasts in laboratory media and fruit purées［J］. International Journal of Food Microbiology，29（2－3）：379.

Fahrig R，1996. Anti-mutagenic agents are also co-recombinogenic and can be converted into co-mutagens［J］. Mutation Research fundamental & Molecular Mechanisms of Mutagenesis，350（1）：59－67.

Gao S F，Liu A Q，Sang L W，et al，2016. First report of bacterial soft rot of vanilla caused by *Dickeya dadantii* in China［J］. Plant Disease，100（7）：1493.

Govaerts R，2006. World Checklist of Orchidaceae［OL］. http：//www. kew. org/wcsp/

Imanishi H，Sasaki Y F，Matsumoto K，et al，1990. Suppression of 6－TG-resistant mutations in V79 cells and recessive spot formations in mice by vanillin［J］. Mutat Res，243（2）：151－158.

Kamat J P，Ghosh A，Devasagayam T P A，2000. Vanillin as an antioxidant in rat liver mitochondria：Inhibition of protein oxidation and lipid peroxida-

tion induced by photosensitization [J]. Molecular & Cellular Biochemistry, 209 (1-2): 47-53.

Keshava C, Keshava N, Ong T M, et al, 1998. Protective effect of vanillin on radiation-induced micronuclei and chromosomal aberrations in V79 cells [J]. Mutation Research, 397 (2): 149-159.

Ohta T, Watanabe M, Shirasu Y, et al, 1998. Post-replication repair and recombination in uvrA umuC, strains of *Escherichia coli*, are enhanced by vanillin, an antimutagenic compound [J]. Mutation Research, 201 (1): 107-112.

Pridgeon A M, Cribb P J, Chase M W, et al, 2003. Genera orchidacearum: Orchidoideae [M]. Oxford: Oxford University Press.

Xiong W, Zhao Q Y, Zhao J, et al, 2015. Different continuous cropping spans significantly affect microbial community membership and structure in a vanilla-grown soil as revealed by deep pyrosequencing [J]. Microb Ecol, 70: 209-218.

Zhao Q Y, Wang H, Zhu Z H, et al, 2015. Effects of Bacillus cereus F-6 on promoting vanilla (*Vanilla planifolia* Andrews) plant growth and controlling stem and root rot disease [J]. Agricultural Sciences, 6: 1068-1078.

附录一

NY/T 483—2002

香 荚 兰
Vanilla

1 范围

本标准规定了属于 *Vanilla fragrans*（Salisbury）Ames-Syn.（*Vanilla planifolia* Andrews）种的香荚兰的要求。

本标准适用于墨西哥大叶种香荚兰成熟的鲜豆荚（green vanilla）及其经发酵、生香加工处理而得的香荚兰豆（cured vanilla），产品是完整荚、切段荚和香荚兰粉。

2 规范性引用文件

下列文件中的条款通过本标准的引用而成为本标准的条款。凡是注日期的引用文件，其随后所有的修改单（不包括勘误的内容）或修订版均不适用于本标准，然而，鼓励根据本标准达成协议的各方研究是否可使用这些文件的最新版本。凡是不注日期的引用文件，其最新版本适用于本标准。

ISO 948 香辛料和调味品 取样（Spices and Condiments—

Sampling)

ISO 5565－2：1999 香荚兰属 第2部分：试验方法｛Vanilla [*Vanilla fragrans*（Salisbury）Ames]—Part 2：Test methods｝

3 术语和定义

ISO 3493 确立的术语和定义适用于本标准。

4 商品形态

本标准描述的有下列五种商品形态：

——香荚兰豆：由完整的荚组成，这些荚是可以裂开的；

——切段香荚兰：据加工和用户要求将裂开的或完整的豆荚切段；

——混合香荚兰：由香荚兰豆和切段香荚兰组成；

——香荚兰粉：由香荚兰豆磨成粉而获得且不含添加剂；

——香荚兰鲜荚：香荚兰植株上已成熟的荚。

5 一般特征

5.1 香荚兰豆

香荚兰豆应

——具有与质量级别相一致的特征（见6.2）；

——进行了有利于其香味、香气发展的处理；

——为深巧克力褐色至浅红色。

香荚兰豆可以有自然结霜。

它们不应：

——进行会导致天然香兰素含量或其他任何一种芳香成分起变化的任何处理；

——虫蛀、发霉、含杂酚油气味、起疤和氧化；

——具有非香荚兰特有的气味。

5.2 切段香荚兰

切段香荚兰应：

——由符合 5.1 所规定的要求的香荚兰豆制备而成；

——为完好的且具有良好的独特香味；

——为深巧克力褐色至浅红色。

5.3 混合香荚兰

混合香荚兰应：

——由符合 5.1 所规定的要求的香荚兰豆获得；

——为完好的且具有良好的独特香味；

——为深巧克力褐色至浅红色。

5.4 香荚兰粉

香荚兰粉应：

——由符合 5.1 规定的要求的香荚兰豆制备而成；

——足够细，能通过筛孔大小为 1.25mm 筛网；

——为深巧克力褐色至浅红色；

——具有自然和非常独特的香荚兰香味。

它们不应：

——进行会引起其天然香兰素含量和香味的其他组分含量变化的任何处理；

——含有外来物质；

——含有霉味或杂酚油味或其他任何非香荚兰的气味。

5.5 香荚兰鲜荚

香荚兰鲜荚应：

——经过充分生长发育，蒴果饱满、结实、种子黑而密；

——颜色从深绿色转为浅绿、略晕黄或荚的尖端（0.2cm～0.5 cm）呈浅黄，荚的两条纵线明显变浅色或略带微黄。

香荚兰鲜荚不应：

——整荚呈黄色、体型异常膨大不结实、种子稀少。

6 质量分级

6.1 香荚兰鲜荚分级

6.1.1 1级

发育正常，粗细均匀，呈自然生长的三角条形状，符合5.5的要求，无斑痕，长16 cm以上，完整未裂荚。

6.1.2 2级

发育正常，粗细均匀，呈自然生长的三角条形状，符合5.5的要求，长14cm以上的完整未裂荚（含符合1级质量要求的表面有斑痕的荚）。

6.1.3 3级

荚短小、细长，粗细不均匀，形状不规则，但应符合5.5的要求，长度14cm以下的完整未裂荚。

6.1.4 4级

自然过熟裂荚，发育正常的、断裂的成熟鲜荚及误摘嫩荚。

6.2 香荚兰豆分级

6.2.1 1级

6.2.1.1 1A级

整荚、完好，荚未裂开，柔软而饱满，自然光泽好，呈均匀的巧克力色至深褐色，除印痕外没有任何色斑，香荚兰香味香气纯正、柔和，长度16cm以上。

6.2.1.2 1B级

特性与1A级相同，但荚已裂开。

6.2.2　2级

6.2.2.1　2A级

整荚、完好，未裂开，柔软而饱满，自然光泽好，呈均匀的巧克力色至深褐色，允许含少量色斑，其长度不超过荚长度的三分之一，长度在14cm以上。

6.2.2.2　2B级

特性与2A级相同，但荚已裂开。

6.2.3　3级

6.2.3.1　3A级

整荚，不够柔软且欠饱满，缺乏光泽，呈浅褐色，可以有较多的色斑，其总长度不超过荚长度的一半，可以有少量红丝，其总长度不超过荚长度的三分之一，香气纯正而柔和，长度10cm以上。

6.2.3.2　3B级

特性与3A级相同，但荚已裂开。

6.2.4　4级

6.2.4.1　4A级

整荚、完好，个体细小，较坚硬，光泽性较差，色泽暗红，呈棕褐色，有明显缺陷，带红色色斑，其总长不超过荚长度的一半，具有香荚兰的特征香气。

6.2.4.2　4B级

整荚、裂荚、混杂的劣等品，木质状，荚细小、弯曲、无光泽，色斑、红丝较多，呈棕红色，具有香荚兰的特征香气，最大含水量为20%。

7　化学特性

7.1　水分含量

香荚兰的含水量应符合表1的规定。

表 1 水分含量要求

特 性	要 求						检测方法
	香荚兰豆				切段香荚兰和混合香荚兰	香荚兰粉	
	级别						
	1	2	3	4			
最大含水量（%）	38	38	30	25	30	20	ISO5565 - 2

7.2 香兰素含量

香兰素的含量主要取决于香荚兰的品种、种植区域、栽培、收获和加工条件，同时取决于其长度。采用 ISO 5565 - 2：1999 中的 4.2 规定的方法或气相色谱内标法测定，当测量结果有异议时，ISO 5565 - 2：1999 中的 4.2 规定方法为仲裁测量方法。在一定含水量条件下，香兰素含量通常为 1.0%～5.0%。

8 取样

按 ISO 948 规定的方法进行。

每个实验样品不低于 100g。

若是香荚兰豆，作为基样的荚应能代表其选择进行取样的包装所含的小束香荚兰。样品应贮存在不透气的容器中，避免任何热源，并应在收到后立即进行分析。

9 试验方法

9.1 外观和感官检验

眼看外表，检其色泽、瑕疵和饱满度；手指触摸，验其柔软；鼻闻产品与手指鉴别其香气和留香的持久性。

9.2 理化检验

香荚兰样品应按照表 1 和 7.2 所述方法进行检测分析。

10　包装与标志

10.1　包装

10.1.1　香荚兰鲜荚

采收香荚兰鲜荚用具须为竹、藤或包装带等编制的有提手的广口筐，装、倒时须轻放轻取，以免碰伤果荚表皮。鲜荚采收后，应集中按6.1的规定进行分级，按级分类装入有盖的竹、藤制的筐或塑料筐中。

10.1.2　香荚兰豆

应把同一长度的香荚兰豆捆成小捆，然后装进干净、完好、不透水的容器中密封贮存，制作容器的材料不得影响产品品质（如有盖的锡桶、锡箱、马口铁桶，蜡纸垫隔）。

根据6.2规定的分级类别，同级别小捆香荚兰豆的容器应基本一致。同一系列其内装物同级的这些基本容器构成一批。交运货物由同级的一批或不同级的几批组成。

10.1.3　切段香荚兰

如切段够长，则应将同一长度的香荚兰捆成小捆，不能捆扎者可散装袋。

切段香荚兰应装在干净、完好、不透水的容器中，制作容器的材料不得影响产品品质。

10.1.4　混合香荚兰

混合香荚兰应装在干净、完好、不透水的容器中，制作容器的材料不得影响产品品质。

10.1.5　香荚兰粉

香荚兰粉应装在干净、完好、不透水的容器中，制作容器的材料不得影响产品品质。

10.2 标志

10.2.1 香荚兰鲜荚

每个筐都应标明以下标志：

——产品名称（与植物学品种名称相符）；

——执行的产品标准编号；

——产地；

——毛重；

——净重；

——级别；

——采摘日期。

10.2.2 香荚兰豆、切断香荚兰或混合香荚兰

每个容器或标签都应标明下列说明：

——产品名称（与植物学品种名称相符）；

——执行的产品标准编号；

——商品形态；

——生产国家；

——收获年份；

——代码、商标、批号或检验证，或者与之类似的识别方式；

——买方要求的所有其他资料。

10.2.3 香荚兰粉

在每个基本容器和每个准备发运的容器上都应标明 10.2.2 所列的各项说明。

如使用玻璃容器，则应在每个准备发运的容器上标明“玻璃易碎”字样。如有可能，应在容器上标明收获年份。

11 贮存

11.1 香荚兰鲜荚

香荚兰鲜荚原则上当天采收当天加工，如因路程、运输、气候等须暂时贮存的，时间不宜过长，堆放厚度不得超过 50cm，存放场地应清洁、通风、易排水。

11.2 香荚兰豆、切段香荚兰、混合香荚兰、香荚兰粉

应按级别、生产批号、产品类型分开摆放。

贮存环境应清洁卫生、干燥、通风良好；或在贮存仓库安装空调设备，温度 22℃左右为宜。

12 运输

12.1 香荚兰鲜荚

鲜荚长途运输时，要用有盖的竹、藤编制的筐进行包装，逐层堆放平整，用绳固牢；做到轻装轻卸，即时运输，途中谨防日晒雨淋。

12.2 香荚兰豆、切段香荚兰、混合香荚兰

香荚兰豆、切段香荚兰、混合香荚兰的运输须注意防潮、防晒，不得与有毒物品混装，运输途中不得损坏内外包装。

12.3 香荚兰粉

香荚兰粉的运输须防潮、防晒，不得与有毒物品混装，若用玻璃容器装运则需标明“玻璃易碎”，轻装轻卸，途中不得损坏外包装。

附录 A

（资料性附录）

本标准与 ISO 5565－1：1999 技术性差异及其原因

表 A.1 给出了本标准与 ISO 5565－1：1999 的技术性差异及其原因的一览表。

表 A.1　本标准与 ISO 5565－1：1999 技术性差异及其原因

本标准的章条编号	技术性差异	原　因
1	增加了香荚兰鲜荚内容及香荚兰、切段香荚兰和香荚兰粉的主要加工工艺。 删去了不适用范围。	使本标准既与国际标准接轨，又适合我国国情。
2	采用 GB/T 1.1—2000 中的引导语替换，删去了 ISO 3493 香荚兰术语，而将其放在参考文献中。	按 GB/T 1.1—2000 及其实施指南的规定。
4	增加了香荚兰鲜荚的内容。	适合我国国情。
5	增加了香荚兰鲜荚的内容。	适合我国国情。
6	增加了香荚兰鲜荚的内容，增加了香荚兰各级别的长度要求。	适合我国国情，使本标准的指标更加具体，从而达到可操作性更强的目的。
7.2	规定了 ISO 5565－2：1999 中 4.2 的方法为仲裁测量方法；香荚兰含量的范围由1.6％～2.4％改为 1.0％～5.0％。	根据 GB/T 1.1—2000 实施指南，适合我国国情。
9.1	增加了外观和感官检验。	使本标准可操作性更强。
10	增加了香荚兰鲜荚的内容。	适合我国国情。
11	增加了香荚兰系列产品的贮存运输。	按 GB/T 1.3—1997 的规定，同时使之适合我国国情。

说明

本标准由农业部农垦局提出。

本标准由农业部热带作物及制品标准化技术委员会归口。

本标准起草单位：中国热带农业科学院热带香料饮料作物研究所。

本标准主要起草人：赵建平、宋应辉、赖剑雄、朱自慧。

NY/T 968—2006

香荚兰栽培技术规程

Technical rules for vanilla cultivation

1　范围

本标准规定了属于 *Vanilla fragrans*（Salisbury）Ames-Syn.（*V. planifolia* Andrews）种的香荚兰生产的园地选择与规划、垦地与定植、田间管理、主要病虫害防治、采收与加工等技术要求。

本标准适用于香荚兰的栽培管理。

2　规范性引用文件

下列标准中的条款通过在本标准中的引用而构成本标准的条款。凡是注明日期的引用文件，其随后所有的修改单（不包括勘误的内容）或修订版均不适用于本标准，然而，鼓励根据本标准达成协议的各方研究是否可使用这些文件的最新版本。凡是不注明日期的引用文件，其最新版本适用于本标准。

GB 4285　农药安全使用标准

GB/T 8321　农药合理使用准则

NY/T 362—1999　香荚兰　种苗

NY/T 483—2002　香荚兰

3　术语和定义

下列术语和定义适用于本标准。

3.1

种蔓

增殖圃中尚未开花结荚的香荚兰茎蔓。

3.2

种蔓粗度

切口以上 20cm 处的直径。

3.3

腋芽

叶片与主蔓间的休眠芽。

3.4

抽生新蔓粗度

抽生点（芽点）以上 10cm 处的直径。

3.5

抽生新蔓长度

抽生点以上至尾部稳定叶片长度。

3.6

根节

插条长根的节。

3.7

香荚兰鲜荚

香荚兰植株上已成熟的荚。

3.8

香荚兰豆

成熟的香荚兰鲜荚经过初加工后得到的成品干豆荚。

4 园地选择

4.1 气候条件

年均气温24℃左右，月均气温21℃～29℃。最冷月平均气温和年平均气温都在19℃以上适宜香荚兰生长，月均温低于20℃香荚兰的生长缓慢，持续5d日均温低于15℃茎蔓生长停止；绝对低温6.7℃～10.8℃持续9d，嫩蔓出现轻微寒害。茎蔓生长期相对湿度为80%～90%香荚兰生长正常，低于75%生长缓慢，高于90%则易感病。

4.2 土壤条件

香荚兰喜欢土层深厚、质地疏松、土壤pH为6.0～7.0、物理性状良好，有机质含量丰富（1.5%～2.5%）的沙壤土、沙砾土、黑色石灰土或沉积土。重沙土、重黏土及低洼易涝地不宜种植香荚兰。

4.3 立地条件

香荚兰地宜选择近水源，排水良好，有良好防风屏障的较静风的缓坡地或平地，土壤和气候等条件适合香荚兰生长。

5 园地规划

香荚兰园地选择好后应进行规划，内容包括防护林、道路系统、排水与灌水系统、有机肥堆沤点等。

5.1 小区与防护林

5.1.1 小区面积

根据香荚兰的生长特点、荫蔽系统的抗风性、有利于害虫预防和管理，不宜连片种植，小区面积以 0.2hm^2 左右为宜。

5.1.2 防护林设置

海南台风较多，在较空旷地建立香荚兰种植园，建议每 2hm^2 设较宽的周边防风林（主林带），林带宽度为 6m～9m；每 0.5hm^2 间设隔离防风林（副林带），林带宽度为 4m～5m，可设计成“田”字形，既可以减少风害损失，又可使种植园形成一个静风多湿的优良小环境。云南西双版纳也要根据季风情况设置防护林。防护林树种可选马占相思、木麻黄、竹柏、小叶桉或刚果 12 号桉等，防护林种植株行距为 1m ×（1.5～2）m，防护林一般离香荚兰 4m～5m。香荚兰种植园与四周荒山陡坡、林地及农田交界处应设隔离沟。

5.2 排灌系统

香荚兰的生长既需充足的水分供应，又要求遇暴雨时能迅速将积水排出。因此，建园时宜建立种植园节水灌溉系统，同时科学规划设置排水系统，园内除设主排水系统外，每一小区还应设置排水沟与主排水沟相通，保证雨季排水畅通。

5.3 道路系统

根据香荚兰种植园规模、地形和地貌等条件，设置合理的道路系统，包括主干道、支道、步行道和地头小道。大中型种植园以加工厂总部为中心，与各区、片、块有道路相通，规模较小的种植园设支道、步行道和地头小道即可。

5.4 堆肥点

香荚兰有机肥堆沤点应修建在主干道旁边，远离居民点，场地的大小根据香荚兰园的面积来决定。

6 垦地与定植

6.1 垦地

香荚兰定植前1个月应对园地进行全垦，深度30cm左右。地里的树根、杂草、石头等要清除干净。香荚兰种植园的开垦应注意水土保持，根据不同坡度和地势，选择适宜的时期、方法和施工技术进行开垦。平地和坡度10°以下的缓坡地等高开垦；坡度10°以上的园地不宜人工荫棚种植香荚兰。

6.2 建立荫蔽系统

香荚兰属热带攀缘半阴性植物，喜朝夕阳光、斜光，但忌强光烈日和寒风，因而需要科学设置支柱攀缘并要求适度荫蔽，适宜香荚兰生长发育的荫蔽度为60％～70％。营养生长期以70％较好，生殖期以60％较好。

6.2.1 活荫蔽树系统

因树皮具有保湿能力，可保证香荚兰气生根的良好生长，因此，选择天然次生林或人工种植速生、耐修剪、根系深、粗生、分枝低矮，且病虫害不与香荚兰相互侵染的常绿树种作为活支柱的树冠来调节园内荫蔽度。可采用的荫蔽树种有木麻黄、麻疯树、甜荚树、番石榴、银合欢、刺桐、龙血树等。国外以甜荚树、麻疯树作为活荫蔽树，效果很好。

6.2.2 人工荫棚系统

人工荫棚栽培香荚兰，可用石柱、水泥柱或木柱等作攀缘材料；香荚兰园棚架系统高度以2.0m为宜。攀缘柱露地1.4m～1.6m，攀缘柱间距及行距为1.2m×1.8m，3.6m×3.6m处为棚架支柱（高柱）；棚架支柱规格为（12～15）cm×（10～12）cm×（260～280）cm（宽×窄×高），入土深度为60cm～80cm；攀缘柱规格为（10～12）cm×（8～10）cm×（160～180）cm，入土深度为 40cm。隔几行（最好隔 1 行）架设镀锌水管支撑棚架，同时也可作喷灌设备，余下的行可用钢筋或铁线代替。遮光网（荫蔽度 60%～70%）走向与水管走向（即香荚兰行向）一致，并固定于棚架顶部，垂直行的网上部再架设钢筋或铁线增强抗风性能。

6.3 起畦、施基肥与投放覆盖物

6.3.1 起畦

建好荫棚系统后，即可起畦，先将植地全垦耙碎、除净杂草杂物，并用石灰粉进行土壤消毒处理。畦面龟背形，走向与攀缘柱的行向一致，畦面宽 80cm，高 15cm～20cm，攀缘柱在畦的中央。

6.3.2 基肥

将腐熟的有机肥均匀地薄撒于整理好的畦面（7 500kg/hm^2，厚 4cm～5cm），并与 10cm 厚的土层混匀。

6.3.3 投放覆盖物

在每 2 条攀缘柱间投放腐熟的椰糠 3kg（或用干杂草、枯枝落叶等替代），并摊匀准备定植。

6.4 定植

6.4.1 种苗

我国目前普遍栽培的香荚兰品种为墨西哥大叶种。定植时要选用长壮苗，具体按照 NY/T362 的规定。

6.4.2 定植时间

在温度较高的季节定植香荚兰有利于生根发芽，海南适宜定植季节为春季 4～5 月和秋季 9～10 月。在海南春季干旱缺水的地区秋季定植较好。云南西双版纳地区则以 5～6 月定植为宜。

6.4.3 定植密度

合理密植有利于提高单位面积产量，香荚兰适宜的株行距为 1.2m×1.8m，双苗定植（即每条柱的两边各植 1 株），也可采用 1.2m×1.6m 或 1.2m×2.0m 的株行距种植。

6.4.4 定植方法

从母株上直接割取的种苗，先用药剂（1%波尔多液等）对切口进行消毒处理后，置于阴凉处饿苗 2d～3d 再运输或定植。从苗圃中取的种苗要及时运输和定植，以免根系（特别是根毛）干死，影响成活。从母株上直接割取的种苗定植时，用手指在攀缘柱的两边各划一条深 2cm～3cm 的浅沟，将苗平放于浅沟中，盖上 1cm～2cm 覆盖物，苗顶端指向攀缘柱，露出叶片和切口处一个茎节，防止烂苗，茎蔓顶端用软质材料制成的细绳轻轻固定于攀缘柱上；若种苗来自繁殖苗圃，定植时要尽量用覆盖物将新根覆盖，以便植后能尽快恢复生长。

7 田间管理

7.1 定植后淋水和查苗补苗

7.1.1 定植后淋水

从母株上直接割取的茎蔓在定植 7d～15d 后开始长出新根并抽生新的嫩芽。因此，定植后每隔 2d～3d 淋一次水，保持土壤湿润，成活后淋水次数可逐渐减少。

7.1.2 查苗补苗

植后 30d 内要全面检查种苗成活情况，进行查苗补苗（一般每 4d 查 1 次），发现病蔓及时处理或补苗，保证全部种苗成活。

7.2 施肥

香荚兰种植园以施有机肥为主，尽量少施化学肥料，禁止单纯施用化学肥料和矿物源肥料。

7.2.1 有机肥

1～3 龄香荚兰园施腐熟的有机肥（2～3）次/年［一般每次施（5 000～7 000）kg/hm^2］，成龄香荚兰园施（3～4）次/年；香荚兰是典型的喜钙作物，因此根据土壤情况在有机肥堆沤过程中加入适量的熟石灰，不仅可促进香荚兰茎蔓生长，提高单位面积产量，还可提高抗病能力。

7.2.2 根外追肥

香荚兰种植园一般根外追肥2～3次/月，一龄的香荚兰喷施或淋施0.5%复合肥和0.5%尿素（1～2）次/月，2～3龄的香荚兰喷施或淋施（2～3）次/月；成龄香荚兰4～6月果荚生长期喷施0.5%复合肥和0.5%氯化钾或硫酸钾（1～2）次/月，10～12月花芽分化前期喷施0.5%复合肥和1.0%过磷酸钙浸沉出液（1～2）次/月，并喷施2～3次0.5%磷酸二氢钾，1～3月和7～9月为香荚兰营养生长期，可根据苗蔓生长情况喷施或淋施0.5%复合肥和0.5%尿素（1～2）次/月。

7.3 除草、覆盖与整理畦面

7.3.1 除草

清除香荚兰园内杂草一般用手拔除，需用锄头、铁锹等除草工具时，应避免伤害根系[一般拔草（1～2）次/月]。

7.3.2 覆盖

香荚兰根系分布浅，主要集中在0cm～5cm的土层中，对旱、寒等不利条件的抵抗力较弱，采用椰糠、干杂草或经过初步分解的枯枝落叶等进行周年根际死覆盖，可有效改善根系的生长环境。幼龄香荚兰园增添覆盖物1次/季度，使畦面终年保持3cm～4cm的覆盖；而成龄香荚兰园则在每年花芽分化期后（1月底或2月初）和末花期后（5月底或6月初）各进行一次全园覆盖。

7.3.3 整理畦面

大雨过后或多次淋水之后，香荚兰园畦面边缘由于水的冲刷而塌陷，应及时修整，保持畦面的完整[一般（1～2）次/年]。

7.4　引蔓与修剪

7.4.1　引蔓

香荚兰植后新抽生的茎蔓应及时用软绳子将其轻轻固定在攀缘柱上，当茎蔓长到一定长度（1.0m～1.5m）时，将其拉成圈吊在横架上或缠绕于铁线上，使其环状生长。

7.4.2　修剪

每年11月底或12月初对成龄香荚兰园进行全面修剪，修剪掉上两年已开花结荚的老蔓及弱病蔓，同时摘去茎蔓顶端4～5个茎蔓节，长度为40cm～50cm（可用于育苗），并将去顶后30d～45d内的萌芽及时全面抹除，控制其营养生长，促进花芽分化。

7.5　加固

海南台风频繁，每年台风季节到来之前都应全面检查荫棚系统，及时修补加固。台风后要及时修补受损遮阳网，加固松动的支柱和棚架系统。云南西双版纳种植区在季风过后也要及时加固荫棚系统。

7.6　浇水与排水

7.6.1　浇水

在干旱季节，土壤水分不足，往往会影响香荚兰的正常生长和幼荚发育，严重时叶片萎蔫变黄、茎蔓皱缩、落荚等，甚至由于干旱而枯死。因此，干旱季节应及时浇水（喷灌或滴灌）。浇水一般在傍晚（18:00以后）或者夜间土温不高时进行。

7.6.2　排水

在雨季到来之前，认真检修香荚兰园内及四周的排水系统，将主排水沟与区间小排水沟进行清理疏通。大雨过后，逐园检查，及时排除园中积水。

7.7 荫蔽树的修剪和防护林的管理

7.7.1 荫蔽树的修剪

根据香荚兰不同生长期和不同季节对荫蔽度的要求，对荫蔽树进行适当的修剪，将荫蔽树高度控制在 1.5m～2.0m，培养荫蔽树在 1.2m～1.4m 高处的分枝 2～3 条，作为香荚兰的攀缘枝。

7.7.2 防护林的管理

及时修剪延伸到香荚兰棚架上的防护林枝条，避免台风到来时损坏荫棚系统。同时在防护林边缘挖条深 80cm～100cm，宽 30cm～40cm 的隔离沟，避免其庞大的根系与香荚兰争夺水肥。

7.8 土壤管理

定期监测香荚兰种植园土壤肥力水平和重金属元素含量，一般每 2 年检测 1 次，根据检测结果有针对地采取土壤改良措施。

7.9 人工授粉与控制落荚

7.9.1 人工授粉

香荚兰因为其花的结构特殊，无法进行昆虫等传媒的自然授粉，必须进行人工授粉。

7.9.1.1 授粉时间

香荚兰一般在 3 月中下旬开始开花，5 月上旬基本结束。小花完全开放时间为清晨 6:00～9:00，随着气温的升高，11:00以后花被开始收拢逐渐闭合。香荚兰最佳授粉时间为当天上午 6:30～10:30，一般不宜超过中午 12:00，阴（雨）天小花开放会延迟，可适当延长授粉时间。

7.9.1.2 授粉方法

左手中指和无名指夹住花的中下部，右手持授粉用具轻轻挑起唇瓣（蕊喙），再用左手拇指和食指夹住的另一条授粉用具或直接用左手拇指将花粉囊压向柱头，轻轻挤压一下即可。

7.9.2　控制落荚

香荚兰的果荚生长发育期具有严重的生理落荚现象，必须采取必要措施才能提高其产量。一般采取综合技术措施加以控制。

7.9.2.1　农业措施

根据香荚兰植株的长势和株龄，早期摘除过多的花序及已有足数幼荚的花序上方的顶中花蕾。适时疏花、合理留荚，一般单株单条结荚蔓保留 8～10 个花序，每个花序留荚 8～10 条；5 月上旬修剪结穗上方抽生的侧蔓，5 月中旬进行全面摘顶。

7.9.2.2　化学方法

加强各项田间管理，并结合根外追肥在幼荚发育期（末花期）定期喷施含硼（B）、锌（Zn）、锰（Mn）等微量元素的植物生长调节剂。

8　主要病虫害防治

按照“预防为主，综合防治”的原则，以农业措施防治为基础，科学使用化学防治，参照执行 GB 4285、GB/T 8321 中有关的农药使用准则和规定，实现病虫害的有效控制，并对环境和产品无不良影响。

8.1　香荚兰镰刀菌根（茎）腐病综合防治

8.1.1　农业措施

香荚兰新植区严格检疫，选用无病种苗；加强田间管理，施足腐熟的基肥，不偏施氮（N）肥；及时适度灌溉，雨后及时排除田间积水；保持适度荫蔽，严格控制单株结英量；田间劳作时尽量避免人为造成植株伤口；及时检查并清除病死株，重病茎蔓、叶片或果荚及时剪除并涂药保护切口，清除的植株病体及时带到园外较远地带集中烧毁。

8.1.2 药物防治

根系初染病的植株，用50%多菌灵800倍液或70%甲基硫菌灵1 000倍液淋灌病株及四周土壤2～3次（1次/月）；茎蔓、叶片或果荚初染病时，及时用小刀切除感病部分，后用多菌灵粉剂涂擦伤口处，同时用50%多菌灵1 000倍液或70%甲基硫菌灵1 000～1 500倍液喷施周围的茎蔓、叶片和果荚。

8.2 香荚兰细菌性软腐病防治

8.2.1 农业措施

香荚兰新植区严格检疫，选用无病健壮的种苗；加强管理，多施有机肥，提高抗病能力；田间管理过程中尽量减少机械损伤，避免人为产生伤口；及时检查并清除病死植株，切除病蔓、病叶带到园外较远地方集中烧毁。

8.2.2 药物防治

雨季到来之前全面喷施一次0.5%～1.0%波尔多液；将病蔓、病叶处理后及时喷施500万单位农用链霉素（珠海斗门应用技术研究所）800～1 000倍液、47%加瑞农可湿性粉剂（日本进口）800倍液、77%氢氧化铜可湿性粉剂（可杀得）500～800倍液（日本进口）或64%杀毒矾可湿性粉剂500倍液（日本进口）保护。每周检查处理1次，连续2次～3次。

8.3 香荚兰炭疽病防治

8.3.1 农业措施

加强田间管理，施足基肥，避免过度荫蔽，保持通风透气，雨后及时排除积水，尽量避免人为碰伤；及时清除（最好选晴天）重病株的病蔓、病叶、病果，并带出园外集中烧毁，减少侵染源。

8.3.2 药物防治

初发病时剪除病叶、病果带出园外烧毁，并喷施50%多菌灵 1 000 倍液或 75%百菌清 800 倍液或 0.5%～1.0%波尔多液，每 7d 1 次，连喷 2 次～3 次。

8.4 香荚兰疫病

8.4.1 农业措施

选用无病健壮种苗，按园地规划以 0.2hm^2 为一小区种植，避免大面积连片种植，施足基肥，及时适度灌溉，雨后及时排除积水。避免过度荫蔽，保持通风透气，尽量避免人为碰伤，及时清除病死株，切除重病茎蔓、病叶和染病果荚，并涂药保护切口，清除的植株病体带出园外集中绕毁。清除病株的地方，其土壤撒施生石灰粉或淋灌 77%氢氧化铜可湿性粉剂（可杀得）500～800倍液消毒。

8.4.2 药物防治

根系初染病的植株，用 25%瑞毒霉（甲霜灵）200 倍液或 40%乙磷铝（霜疫灵）200 倍液或 64%杀毒矾 500 倍液淋灌病株根颈部及四周土壤，每月 1 次，共 2 次～3 次；茎蔓叶片或果荚初染病时及时用小刀切除染病部分，随即用 1%波尔多液或瑞毒霉或杀毒矾或乙磷铝或可杀得喷施周围的茎蔓、叶片和果荚。

9 采收与加工

9.1 采收

9.1.1 采收时间

在海南香荚兰种植区 10 月下旬至 11 月上旬鲜荚开始成熟，采收时间一般持续 2 个月左右（即 11 月初至翌年 1 月初完成）。云南西双版纳种植区的采收时间为 11 月底至翌年 2 月底，有的年份 3 月上旬才采收完（林下种植）。

9.1.2 采收依据

香荚兰从开花授粉到果荚成熟的时间需 8 个月左右。当鲜荚从深绿色转为浅绿色，略微晕黄或果荚末端 0.2cm～0.5cm 处略见微黄时为最佳采收时期，一般每周采收 1～2 次。

9.2 加工

将采收的香荚兰鲜荚在 24h 内进行分级、清洗、杀青，经酶促、干燥和陈化生香三道基本工序即成为成品香荚兰豆。具体按 NY/T 483—2002 执行。

说明

本标准由中华人民共和国农业部提出。

本标准由农业部热带作物及制品标准化技术委员会归口。

本标准起草单位：中国热带农业科学院香料饮料研究所。

本标准主要起草人：宋应辉、赵建平、赖剑雄、朱自慧、朱红英、宗迎。

附录三

NY/T 2048—2011

香草兰病虫害防治技术规范

Technical criterion for vanilla pest control

1 范围

本标准规定了香草兰主要病虫害防治原则、防治措施及推荐使用药剂。

本标准适用于香草兰主要病虫害的防治。

2 规范性引用文件

下列文件对于木文件的应用是必不可少的。凡是注日期的引用文件，仅注日期的版本适用于本文件。凡是不注日期的引用文件，其最新版本（包括所有的修改单）适用于本文件。

GB 4285 农药安全使用标准

GB/T 8321 农药合理使用准则

NY/T 362 香荚兰 种苗

NY/T 968 香荚兰栽培技术规程

3 主要病虫害及其发生危害特点

3.1 香草兰主要病害有香草兰疫病、根（茎）腐病、细菌性软腐病、白绢病、炭疽病，其发生特点参见附录 A。

3.2 香草兰主要害虫有可可盲蝽、拟小黄卷蛾、双弓黄毒蛾，及其发生特点参见附录 B。

4 主要病虫害防治原则

应遵循“预防为主，综合防治”的植保方针，从种植园整个生态系统出发，针对香草兰大田生产过程中主要病虫害种类的发生特点及防治要求，综合考虑影响病虫害发生、为害的各种因素，以农业防治为基础，加强区域性植物检疫，协调应用物理防治和化学防治等措施对病虫害进行安全、有效的控制。

4.1 植物检疫

培育无病虫种苗。应从无病虫区或病虫区中的无病虫香草兰选取优良插条苗，在苗圃培育无病虫种苗。种苗质量应符合 NY/T 362 的规定。

4.2 农业防治

4.2.1 建园时修筑灌溉排水系统，香草兰起垄种植，保证雨季田间不积水，旱季可灌溉。

4.2.2 加强施肥、覆盖物、除草引蔓、修剪等田间管理，使植株长势良好，提高抗性，并创造不利于病虫害发生发展的环境。田间管理严格按照 NY/T 968 的规定。

4.2.3 加强田间巡查监测。掌握病虫害发生动态，根据病虫害为害程度，及时采取控制措施。

4.2.4 搞好田间卫生。及时清除病株或地面的病叶、病蔓、病果荚，集中园外烧毁或深埋。修剪或采摘病叶、病蔓后要在当天喷施农药保护，防止病菌从伤口侵入。

4.3 化学防治

本标准推荐使用药剂防治应参照 GB 4285 和 GB/T 8321 中的有关规定，严格掌握使用浓度、使用剂量、使用次数、施药方法和安全间隔期。应进行药剂的合理轮换使用。

5 防治措施

5.1 香草兰疫病

5.1.1 农业防治

5.1.1.1 加强栽培管理。种好防护林，做好香草兰园的修剪、理蔓和田间清洁等日常管理工作。防止茎蔓过度重叠堆积和大量嫩蔓横陈地表；修好浇灌排水沟，排水沟要畅通，做到雨后不积水。起垄种植，做到垄顶不积水，防止疫霉菌侵染香草兰茎蔓、根系。

5.1.1.2 及时清除感病部位。选晴天剪除病蔓、病叶和染病果荚并涂药保护切口。清除病株的地方，其病株四周土壤施生石灰或淋药消毒，以减少侵染来源，防止病害蔓延。清除的病组织晒干后集中烧毁。

5.1.2 化学防治

每年授粉后至幼果期、夏秋季不抽梢期，须加强田间巡查，一旦发现嫩梢、幼果荚发病，应及早剪除并及时喷施农药。遇到连续降雨等有利于发病的气候条件，应抢晴及时喷药防治。特别对低部位（离地 40cm 以内）的茎蔓更要喷药保护，种植带地表亦应喷施杀菌剂，最大限度地减少梢腐、果荚腐、茎蔓腐的发生。可选用 25％甲霜灵可湿性粉剂或 50％烯酰吗啉可湿性粉剂或 25％甲霜·霜霉可湿性粉剂或 69％烯酰吗啉·锰锌可湿性粉剂或 72％甲霜灵·锰锌可湿性粉剂 500 倍～800 倍液或 40％乙磷铝可湿性粉剂 200 倍液或 64%杀毒矾可湿性粉剂 500 倍液等药剂喷施植株茎蔓、叶片和果荚及四周土壤。每周喷药 1 次，连喷 2 次～3 次。以上药剂需轮换使用。

5.2 香草兰根（茎）腐病

5.2.1 农业防治

5.2.1.1 严格选用无病种苗。应从健康蔓上剪取插条苗，在苗圃培育无病种苗，直接割苗种植时，用 50%多菌灵或 70%乙磷铝锰锌可湿性粉剂 800 倍液浸苗 1min。

5.2.1.2 加强田间管理，施腐熟的基肥，不偏施氮肥；及时适度灌溉，雨后及时排除田间积水；控制土壤含水量，保持园内通风透光，保持适度荫蔽，严格控制单株结荚量；田间劳作时尽量避免人为造成植株伤口。

5.2.2 化学防治

5.2.2.1 选择干旱季节或雨季晴天及时清除重病茎蔓、叶片、果荚并于当天涂药或喷施农药保护切口。根系初染病时，用 50%多菌灵可湿性粉剂 800 倍液或 70%甲基硫菌灵可湿性粉剂 1 000倍液或粉锈宁可湿性粉剂 500 倍液淋灌病株及四周土壤，每月 1 次，连续喷药 2 次～3 次。

5.2.2.2 茎蔓、叶片或果荚初染病时，及时用小刀切除感病部分，后用多菌灵粉剂涂擦伤口处，同时用 50%多菌灵可湿性粉剂 1000 倍液或 70%甲基硫菌灵可湿性粉剂 1 000 倍～1 500 倍液喷施周围的茎蔓、叶片或果荚。

5.3 香草兰细菌性软腐病

5.3.1 农业防治

5.3.1.1 加强田间管理，多施有机肥，提高植株抗病力；田间管理过程中尽量减少机械损伤，避免人为造成伤口。

5.3.1.2 选高温干旱季节（3 月～5 月），每隔 4 天摘病叶、剪病蔓1次并于当天喷施农药保护。

5.3.1.3 严禁管理人员在雨天或早晨有露水时在香草兰园内操作；雨季经常检查（晴天方可进行），发现病叶、病蔓及时剪除并于当天喷药保护；有台风预报，应在台风前做好检查防病工作。

5.3.1.4 此病发生时，发现害虫为害应及时治虫（方法见害虫防治），防止害虫传播病菌。

5.3.2 化学防治

雨季到来之前全面喷施0.5%～1.0%波尔多液1次；将病蔓、病叶处理后及时喷施500万单位农用链霉素可湿性粉剂800倍～1 000倍液或47%春雷氧氯铜可湿性粉剂800倍液或77%氢氧化铜可湿性粉剂500倍～800倍液或64%杀毒钒可湿性粉剂500倍液保护。每周检查和喷药1次，连续喷2次～3次，全株均喷湿，冠幅下的地面也喷药，以喷湿地面为度。连续数日降雨后或台风后，抢晴天轮换喷施以上农药。

5.4 香草兰白绢病

5.4.1 农业防治

5.4.1.1 种植前土壤应充分暴晒，并用噁霉灵进行消毒处理。

5.4.1.2 禁止使用未腐熟的堆肥、椰糠等地面覆盖物和未经充分堆沤的垃圾土。

5.4.1.3 重点做好香草兰入土和贴近地面茎蔓以及种植带面感病杂草指示病区的防治。

5.4.2 化学防治

加强田间巡查，发现病株要及时清除病茎蔓、病叶、病果荚和病根，集中清出园外深埋或烧毁，并于当天喷药保护，可选用40%菌核净可湿性粉剂1 000倍液或50%腐霉利可湿性粉剂1 000倍液或70%噁霉灵可湿性粉剂2 000倍液或70%甲基硫菌灵可湿性粉剂1 000倍液喷施植株及地面土壤、覆盖物。病株周围的病土选用1%波尔多液或70%噁霉灵可湿性粉剂500倍液进行消毒。

5.5 香草兰炭疽病

5.5.1 农业防治

加强田间管理，施足基肥，避免过度光照，保持通风透气，雨后及时排除积水，田间操作尽量避免人为造成伤口，提高植株抗病能力。

5.5.2 化学防治

选晴天及时清除病蔓、病叶、病果荚及地面病残组织于种植园外，待晒干后烧毁，并于当天喷施农药保护。选用50%甲基硫菌灵可湿性粉剂1 000倍或50%多菌灵可湿性粉剂800倍液或75%百菌清可湿性粉剂800倍液或40%灭病威可湿性粉剂800倍液或0.5%～1.0%波尔多液等喷洒植株进行防治。每隔7d～10d喷1次，连喷2次～3次。

5.6 可可盲蝽

5.6.1 农业防治

加强田间管理，及时消除园中杂草和周边寄主植物，减少盲蝽的繁殖滋生场所。

5.6.2 化学防治

重点抓好每年3月～5月香草兰开花期和虫口密度较大时喷药保护。喷药时间选在早上9时前或下午4时后，选用20%氰戊菊酯乳油6 000倍液或1.8%阿维菌素乳油5 000倍液或50%杀螟松乳油1 500倍液或50%马拉硫磷乳油1 500倍液喷施嫩梢、花芽及幼果荚。每隔7d～10d喷药1次，连喷2次～3次。

5.7 香草兰拟小黄卷蛾

5.7.1 农业防治

加强栽培管理和田间巡查，发现被害嫩梢应及时处理。不要在香草兰种植园四周栽种甘薯、铁刀木、变叶木等寄主植物，杜绝害虫从这些寄主植物传到香草兰园。

5.7.2 生物防治

注意保护和充分利用小茧蜂、蜘蛛等天敌，尽量少施药，保护好田园生态系统，为天敌创造一个良好的生存环境。

5.7.3 化学防治

每年的 9 月中旬和 12 月中旬，发现虫口数量较多时，为迅速控制虫口的发展，可喷施农药防治。选用 40%毒死蜱乳油 1 000倍～2 000 倍液或 1.8%阿维菌素乳油 1 000 倍～2 000 倍液喷洒嫩梢、花及幼果荚，每隔 7d～10d 喷药 1 次，连喷 2 次～3 次。1月下旬或 2 月上旬，根据虫口发生数量，可再进行 1 次防治。

5.8 双弓黄毒蛾

5.8.1 农业防治

5.8.1.1 冬季修剪老枝蔓时，寻找越冬蛹，集中杀死；或产卵盛期铲除卵堆；成虫盛期利用诱捕灯大量捕杀成虫；并结合田间管理人工捕杀幼虫。

5.8.1.2 加强栽培管理和田间巡查，发现被害嫩梢应及时处理。注意保护和充分利用天敌，尽量少施药，保护好田园生态系统，为天敌创造一个良好的生存环境。

5.8.2 化学防治

在幼虫盛期（6 月～7 月）用 2.5%高效氯氟氰菊酯乳油 1 000倍液喷雾。尽量在幼虫还没有分散开时喷施。

附　录　A

(资料性附录)

香草兰主要病害及其发生特点

主要病害名称	发生特点
香草兰疫病	由烟草疫霉（寄生疫霉）侵染引起。茎蔓、叶片、果荚均能发病，以嫩梢、嫩叶、幼果荚和低部位（离地 40cm 以内）的蔓、梢、花序和果荚更易发病。在田间多数从嫩梢开始感病。发病初期嫩梢尖出现水渍状病斑，后病斑渐扩至下面第二至三节，呈黑褐色软腐，病梢下垂，有的叶片呈水泡状内含浅褐色液体，并有黑褐色液体渗出。湿度大时，在病部可看到白色棉絮状菌丝。花和果荚发病初期出现不同程度的黑褐色病斑。随病情扩展，病部腐烂，后期感病的叶片、果荚脱落，茎蔓枯死，造成严重减产。 主要在高温多雨季节发生流行，分布广，传播快，容易酿成流行。在云南西双版纳，每年 7 月～8 月份高温多雨时期，露地栽培的香草兰疫病发生普遍。在海南植区，该病一年有两个发病高峰期。即 4 月下旬至 6 月上旬和 9 月中旬至 11 月上旬发病较严重。
香草兰镰刀菌根（茎）腐病	由尖镰孢菌香草兰专化型侵染引起。病菌主要为害香草兰的地下根和气生根，使根部变褐色腐烂。根被破坏，蔓和叶随之变软，变黄绿色，而后萎蔫。香草兰植株最终会因为根系的破坏而死亡。病菌也引起蔓腐，患病部位以上的蔓停止生长，最后萎蔫致死。在潮湿条件下，病部出现橘红色黏状物，即病原菌的分生孢子团。 该病周年发生，随着种植时间延长，病情会越来越严重。侵染来源是土壤、带菌种苗、病株残余以及未腐熟的土杂肥。病菌依靠

（续）

主要病害名称	发生特点
香草兰镰刀菌根（茎）腐病	风雨、流水、农事操作和昆虫等传播。通过有病的插条苗进行远距离传播。病菌主要从伤口侵入根部，也可直接侵入根梢。病害的发生发展与管理水平及周围的环境有关。管理精细，在土表或根圈施有机肥、落叶或锯末等覆盖，营养充足，干旱及时进行灌溉，植株长势旺盛的病情较轻；反之，管理粗放，在地表、根圈没有施用有机肥的，结荚过多，营养缺乏，根系少，干旱不及时浇灌，植株长势弱的，病情较重。
香草兰细菌性软腐病	由胡萝卜果胶菌胡萝卜亚种侵染引起。主要为害香草兰嫩梢、茎蔓和叶片。叶片受侵染的部位初时呈水渍状，随后水渍状病痕扩展迅速，叶肉组织浸离，软腐塌萎，病痕的边缘出现褐色线纹。在潮湿情况下病部渗出乳白色细菌溢脓。在干燥情况下，腐烂的病叶呈干茄状。 该病在海南省各植区周年都有发生。每年 4 月～10 月发病较重，11 月至翌年 3 月发病较轻。多雨、高湿是病害发生发展的重要因素，而台风雨是病害流行的主导因素。带病种苗、病株、病残体、株下表层土壤以及其他寄主植物是本病的侵染来源。病原菌可从伤口侵入寄主。风雨、农事操作以及在植株上取食或爬行的昆虫和软体动物是本病菌的传播媒介。
香草兰白绢病（小核菌根、茎腐病）	由齐整小菌核菌侵染引起。病菌以菌核或菌丝在土壤中或病残体上度过干旱等不良环境。当土壤湿度大时，与地面覆盖物接触的香草兰根、茎、叶和荚果便受到病菌浸染而发病。发病初期在土壤表面的茎蔓出现水渍状淡褐色软腐，后逐渐变为深褐色并腐烂。土壤湿度大时可见白色绢丝状菌丝覆盖病部和四周地面，后产生大量小菌核。菌核球形、扇球形或不规则形，初为白色，后渐变为黄色、黄褐色至黑褐色。一片叶上可形成菌核 50 粒～80 粒，多时可达 100 粒以上。在发病初期，病部以上部分均正常，但到后期已逐渐萎蔫，最后枯死。 地面覆盖物丰厚的潮湿环境下易发病。特别是在雨季，雨水多，湿度大，温度高，病害易流行。在苗圃中由于植株密植、湿度较大，白绢病较易发生且发病严重，造成种苗大量死亡。病菌在田间借流水、灌溉水、雨水溅射、施肥或昆虫传播蔓延。

（续）

主要病害名称	发生特点
香草兰炭疽病	由盘长孢状刺盘孢侵染引起。叶片发病初期病部出现点状黑褐色或棕色水渍状小斑点，逐渐扩展形成近圆形或不规则形的下陷大病斑，病斑边缘不明显，高温高湿条件下，病斑上出现粉红色黏状物（病原菌分生孢子团）。当感病组织呈干缩状时，病斑中央变为灰褐色或灰白色，呈薄膜状，其上散生大量小黑点，病斑边缘仍留有一条狭窄的深褐色环带。该病最终导致香草兰叶片、茎蔓、果荚局部干枯坏死，严重的可导致整条蔓死亡。 本病周年均可发生，在 4 月～9 月高温高湿季节发生较严重。病菌借风雨、露水或昆虫传播，从伤口或自然孔口侵入寄主。种植园密植、荫蔽度大、失管荒芜、田间积水、缺肥、通风不良、高湿闷热等最易发生此病。

附　录　B
(资料性附录)
香草兰主要害虫及其发生特点

主要害虫名称	发生特点
可可盲蝽	可可盲蝽为害香草兰的嫩叶、嫩梢、花、幼果荚及气生根。以成、若虫刺吸香草兰幼嫩组织的汁液，致使被害后的嫩叶、嫩梢及幼果荚凋萎、皱缩、干枯。中后期被害部位表面呈现黑褐色斑块，由于失水最后产生硬疤，严重影响香草兰植株的生长和产量。该虫不为害老化的叶片和茎蔓。 可可盲蝽在海南 1 年发生 10 代～12 代，全年均可发育繁殖，世代重叠，无越冬现象。该虫寄主范围广，在兴隆地区的主要寄主植物有 30 多种。该虫的发生与温湿度、荫蔽度和栽培管理关系密切。每年 4 月～5 月和 9 月～10 月为发生高峰期。温度 20℃～30℃、湿度 80％以上最适宜该虫生长繁殖。栽培管理不当、园中杂草不及时清除、周围防护林种植过密、寄主范围多的种植园虫口密度大，为害较重。
香草兰拟小黄卷蛾	香草兰拟小黄卷蛾主要为害香草兰嫩梢、嫩叶和花苞。在田间，低龄幼虫钻入香草兰生长点与其未展开的叶片间为害；高龄幼虫则在嫩梢结网为害。1 个嫩梢仅 1 头虫为害，1 头幼虫一般可为害 3 个～5 个嫩梢。经幼虫取食过的嫩梢和花苞一般不能正常生长，有些甚至枯死。该虫还可携带传播软腐病，更加剧了为害的严重性。

（续）

主要害虫名称	发生特点
香草兰拟小黄卷蛾	该虫的发生与温湿度、降水量有密切的关系，在一年中危害分为 4 个阶段：第 1 阶段为 6 月上旬至 7 月下旬，此阶段虫口数量呈下降趋势；第 2 阶段为 8 月，此阶段看不到幼虫，处于越夏阶段；第 3 阶段为 9 月上旬至 12 月上旬，幼虫经越夏后数量开始回升，并在 10 月中旬和 11 月中旬各达到 1 次高峰，11 月下旬虫口密度开始下降；第 4 阶段为 12 月中旬至翌年 5 月下旬，虫口密度再次回升，并在翌年的 1 月上旬、2 月中旬、4 月中旬和 5 月下旬，各出现 1 次高峰。因此，防治该虫的重点，应放在第 3 阶段和第 4 阶段。
双弓黄毒蛾	双弓黄毒蛾是西双版纳香草兰种植园的主要害虫之一。幼虫咬食香草兰的嫩叶、嫩梢、气生根及腋芽，使香草兰推迟投产。被害香草兰，虫口密度平均 8.04 头/株，最多达 25 头/株。 该虫在云南西双版纳香草兰种植园每年发生 2 代，以幼蛹越冬。越冬蛹于翌年 2 月开始羽化，2 月上旬开始见蛾，成虫盛发期在 5 月～6 月，幼虫盛发期在 6 月～7 月。幼虫一、二龄群居，多栖息在水泥柱、香草兰藤蔓上，食量不大，咬食成缺刻状。卵堆多产在水泥柱和叶背面。成虫雄多雌少，雌雄比 1∶5，白天多栖息在地面杂草上，少量在遮阳网和香草兰上。蛹多在水泥柱孔洞中和地面覆盖物中越冬。

DB 46/T 277—2014

香草兰栽培技术规程

1 范围

本标准规定了香草兰种植园园地选择、园地规划、园地准备、定植、田间管理、病虫害防治、台风应急处理、采收等技术要求。

本标准适用于香草兰的栽培。

2 规范性引用文件

下列文件对于本文件的应用是必不可少的。凡是注日期的引用文件，仅所注日期的版本适用于本文件。凡是不注日期的引用文件，其最新版本（包括所有的修改单）适用于本文件。

NY/T 362 香荚兰 种苗

NY/T 2048 香草兰病虫害防治技术规范

NY 5023 无公害食品 热带水果产地环境条件

3 园地选择

3.1 立地条件

选择近水源，地下水位距地表 1m 以上，有良好防风屏障、较静风的缓坡地或平地建园。坡度 10°以上不宜建园。

3.2 气候条件

选择年均气温不低于 23℃，最冷月平均气温不低于 17℃区域建园。

3.3 土壤条件

选择土层深厚、有机质丰富、微酸性、物理性状良好的地块建园。

3.4 环境条件

灌溉水、土壤和空气质量符合 NY 5023 的规定。

4 园地规划

4.1 小区

小区面积以 $1hm^2$ 为宜，长方形或正方形。

4.2 道路

道路包括主干道、支道和田间小道。其中主干道宽 3m～4m，与园外道路相连；支道宽 2m～2.5m，与主干道相连；田间小道宽 1m，与支道相连。规模较大种植园以加工厂总部为中心，与各区、片、块有道路相通，规模较小种植园建设支道和田间小道即可。

4.3 排灌

种植园周围设环园沟，沟宽 40cm、深 30cm～50cm；园内设主排水沟和行间排水沟，主排水沟宽 40cm、深 30cm～40cm，行间排水沟宽 40cm～60cm、深 10cm～20cm。人工荫棚栽培宜设倒挂式喷灌，活荫蔽栽培宜设高头喷灌。

4.4 防风林

结合小区、道路、排灌设置防风林，林带宽4.5m～6m。可种植木麻黄、母生、竹柏等抗风能力强的树种，株行距1m×1.5m，距离种植园4m～5m。

4.5 堆肥点

有机肥堆沤点宜设在主干道旁边，远离居民点，每小区设1个，面积100m^{2}左右。

5 园地准备

5.1 园地开垦

定植前3～4个月对园地进行全垦，深度20cm～30cm，清理树根、杂草、石头等杂物。坡度10°以下的缓坡地等高开垦。若在槟榔等园地间种香草兰，定植前也应适当整地。

5.2 荫棚建设

5.2.1 棚架高度2.0m；以石柱、水泥柱等作为棚架支柱和攀缘柱。

5.2.2 棚架支柱截面长12cm～15cm、宽10cm～12cm，柱高260cm～280cm，入土深度为60cm～80cm；棚架支柱间距3.6m，行距4.8m，隔1行架设镀锌水管支撑棚架，余下的行可用钢筋或铁线代替。

5.2.3 攀缘柱截面长10cm～12cm、宽8cm～10cm，柱高160cm～180cm，入土深度为40cm。攀缘柱间距1.2m，行距1.6m，用10＃镀锌铁线将整行攀缘柱相连，并在攀缘柱两侧离地1.2m处固定。

5.2.4 遮光网走向与镀锌水管走向（即香草兰行向）一致，并固定于棚架顶部，应可收放，垂直行的网上部再架设钢筋或10＃

镀锌铁线。遮光网荫蔽度为60%。

5.3 间作园建设

可选择槟榔园、椰子园等间作香草兰，以园内作物作为荫蔽树。若以槟榔作荫蔽树，宜选择5年生以上、株行距为2m～2.5m，林相整齐、地势较平、排灌条件良好的槟榔园。在活荫蔽树行间定植，需增设攀缘柱，攀缘柱材质、规格和建设方法同5.2.3；行上种植则以园内作物为攀缘柱。

5.4 畦面准备

每公顷均匀撒施石灰粉450kg～600kg进行土壤消毒后等高起畦，畦面呈龟背形，走向与攀缘柱或槟榔等活荫蔽树的行向一致，畦面宽80cm，高15cm～20cm，攀缘柱或活荫蔽树在畦的中央。

5.5 基肥

将充分腐熟的牛粪等有机肥均匀撒施于畦面，用量为每公顷 $50m^3$～$60m^3$。

5.6 畦面覆盖

在畦面上匀铺腐熟的椰糠，用量为每公顷 $40m^3$～$50m^3$。

6 定植

6.1 种苗质量

应符合NY/T 362的规定。

6.2 定植时间

适宜定植季节为春季（4～5月）和秋季（9～10月）。春季干旱缺水的地区宜秋季定植。

6.3 定植密度

人工荫棚每公顷种植10 000～11 000株。每条攀缘柱两侧与畦面平行各植1株。

6.4 定植方法

6.4.1 从母株上直接选取的种苗，用1%波尔多液等药剂对切口进行消毒处理后，置于阴凉处 2d～3d 再运输或定植。在定植位置开一条深 2cm～3cm 的浅沟，将苗平放于浅沟中，盖上 1cm～2cm 覆盖物，苗顶端指向攀缘柱，露出各节叶片和末端切口，茎蔓顶端用软质材料制成的细绳轻轻固定于攀缘柱或活荫蔽树上。植后不宜淋定根水。

6.4.2 苗圃繁育的种苗要及时运输和定植，定植方法同 6.4.1，并用覆盖物将新根覆盖。

7 田间管理

7.1 植后管理

7.1.1 淋水

定植后第 3 天开始淋水，在新根抽发前每隔 2d～3d 淋水一次，成活后淋水次数可逐渐减少。

7.1.2 查苗补苗

植后 30d 内，每隔 4d 全面查苗、补苗；及时处理病苗，具体按照 NY/T 2048 的规定执行。

7.2 水分管理

及时灌溉，保持香草兰园内空气湿度 80%以上，土壤田间持水量在 60%～75%。在雨季来临之前和大雨过后，应清除排水沟内的污泥、枯枝落叶等垃圾，及时修复被雨水冲坏的畦面。

7.3 施肥

7.3.1 施肥原则

施用有机肥为主，少施化肥，不宜长期单纯施用化肥。

7.3.2 有机肥

幼龄园每年施腐熟有机肥 1～2 次，成龄园每年施 2～3 次，

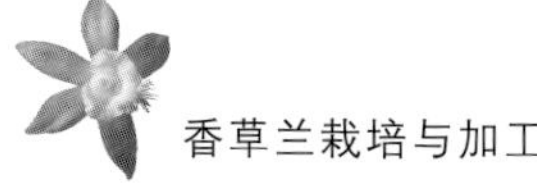

施用量每次每公顷 45m³～60m³。在堆沤有机肥过程中，宜根据土壤酸碱状况加入适量钙镁磷肥。

7.3.3 根外追肥

7.3.3.1 幼龄园

每月淋施 1～3 次复合肥（15－15－15）和尿素，浓度为每 100kg 水加复合肥和尿素各 0.5kg，用水量为每公顷 13 000kg～15 000kg。

7.3.3.2 成龄园

每月淋施 2～3 次复合肥（15－15－15）和尿素，浓度同幼龄园，用水量为每公顷 15 000kg～20 000kg。4～6 月，每月喷施 2～3 次硫酸钾，每 100kg 水加硫酸钾 0.5kg，用水量为每公顷 650kg～700kg；10～12 月，每月喷施 1～2 次磷酸二氢钾，每 100kg 水加磷酸二氢钾 0.3kg，用水量为每公顷 650kg～700kg。

7.4 除草与覆盖

7.4.1 除草

畦面人工拔除杂草，行间用锄头、铁锹等工具除草，应避免损伤根系。

7.4.2 覆盖

采用腐熟的椰糠对畦面周年覆盖。幼龄园保持畦面覆盖物厚 3cm～4cm；成龄园除 12 月中旬到 1 月中旬外，也应定期补充覆盖物，厚度与幼龄园相同。

7.5 引蔓与修剪

7.5.1 引蔓

新抽生的茎蔓应及时用软质材料制成的细绳轻轻固定于攀缘柱上。当茎蔓长到 1m～1.5m 时，将其悬吊于攀缘柱间铁线上，环绕成圈。

7.5.2 修剪

每年 11 月底至 12 月初对成龄园进行修剪，剪除上年已开花结荚的老茎蔓及弱、病茎蔓，同时摘去顶端 4 至 5 个茎蔓节，并及时抹除摘顶后 30d～45d 内的萌芽。5 月上旬，两条攀缘柱之间保留 2～3 条侧蔓，剪除其余侧蔓，5 月中旬对保留的侧蔓进行摘顶。

7.6 荫蔽树的修剪

每年 11 月上旬至中旬，修剪槟榔等活荫蔽树下垂枝叶并覆盖于畦面。

7.7 土壤管理

采用增施生物有机肥、施用石灰、放养蚯蚓等措施改良土壤。

7.8 防风林管理

及时修剪延伸到种植园内的防风林树枝叶。

7.9 人工授粉

7.9.1 授粉时间

最佳授粉时间为上午 6:30～10:30。如遇阴（雨）天，授粉时间可适当顺延。

7.9.2 授粉方法

采用指拨签压法，即左手中指和无名指夹住花的中下部，右手持长 8cm～10cm、粗 0.5mm～1.5mm 的竹签等授粉用具轻轻挑起唇瓣（蕊喙），再用左手持另一条授粉用具或直接用左手拇指将花粉囊轻轻压向柱头。

7.10 疏花疏荚

根据香草兰植株的长势和株龄，适时疏花、合理留荚，一般每条茎蔓保留 8～10 个花序，每个花序留豆荚 8～10 条。

8 病虫害防治

按照 NY/T 2048 的规定执行。

9 台风应急处理

在台风来临之前，全园喷施 200 万单位的农用链霉素 600 倍液或 50%多菌灵可湿性粉剂 800 倍液等杀菌剂，并打开遮光网接口。台风过后，及时理顺茎蔓，清理植株落叶、断蔓及荫蔽树断枝叶，清理后当天喷药，逐块进行。

10 采收

10 月下旬至翌年 1 月上旬采收。当豆荚颜色从深绿色转为浅绿、略微晕黄时，或豆荚末端 2mm～5mm 呈浅黄、荚的两条纵线明显变浅色或略带微黄时，应及时采收。一般每 5d～7d 采收一次。

说明

本标准按照 GB/T 1.1—2009 给出的规则起草。

本标准由中国热带农业科学院香料饮料研究所提出。

本标准由海南省农业厅归口。

本标准起草单位：中国热带农业科学院香料饮料研究所。

本标准主要起草人：王辉、朱自慧、王华、庄辉发、宋应辉、谭乐和、赵青云、赵秋芳。

NY/T 362—2016

香荚兰　种苗

Vanilla cutting plant

1　范围

本标准规定了香荚兰种苗的术语定义，要求，检验方法，检验规则，包装、标识、运输和贮存。

本标准适用于墨西哥香荚兰母蔓和插条苗的质量检验，也可作为大花香荚兰、塔希提香荚兰和帝皇香荚兰等香荚兰属其他种的种苗质量检验参考。

2　规范性引用文件

下列文件对于本文件的应用是必不可少的。凡是注日期的引用文件，仅所注日期的版本适用于本文件。凡是不注日期的引用文件，其最新版本（包括所有的修改单）适用于本文件。

GB 9847　苹果苗木

GB 15569　农业植物调运检疫规程

中华人民共和国国务院令第 98 号 植物检疫条例

中华人民共和国农业部令第 5 号 植物检疫条例实施细则（农业部分）

3 术语和定义

下列术语和定义适用于本文件。

3.1

母蔓 mother-vine cutting

选取增殖圃中 1～3 年内抽生的尚未开花结荚的茎蔓，去除尾部两个节后，分割成若干条，直接种植的茎蔓。

3.2

插条苗 cutting plant

增殖圃中 1～3 年内抽生的尚未开花结荚的茎蔓，去除尾部两个节，分割成若干条，经扦插生根后获得的种苗。

3.3

根节 root nodes

插条长根的节。

4 要求

4.1 基本要求

品种纯度≥95%；无检疫性病虫害；无明显机械损伤；生长正常，无病虫为害。

4.2 分级

4.2.1 母蔓

母蔓分级应符合表 1 的规定。

表 1 母蔓分级指标

项目	一级	二级
母蔓长度，cm	80～100	60～79
母蔓粗度，mm	>8	6～8
腋芽数，个	≥5	4

4.2.2 插条苗

插条苗分级应符合表 2 的规定。

表 2 插条苗分级指标

项目	一级	二级
新蔓长度，cm	>40	30～40
新蔓粗度，mm	>6	4～6
根节数，个	≥3	2

5 检验方法

5.1 纯度

将种苗按附录 A 逐株用目测法检验，根据其品种的主要特征，确定本品种的种苗数。纯度按公式（1）计算。

$$X = \frac{A}{B} \times 100 \tag{1}$$

公式中：

X——品种纯度，单位用百分率表示（%），精确到 0.1%；

A——样品中鉴定品种株数，单位为株；

B——抽样总株数，单位为株。

5.2 疫情

按 GB 15569、中华人民共和国国务院《植物检疫条例》和

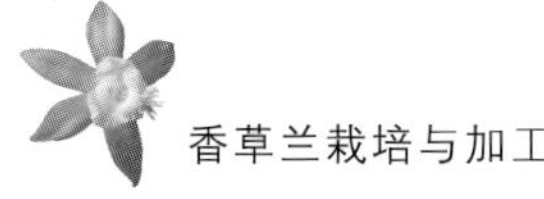

中华人民共和国农业部《植物检疫条例实施细则（农业部分）》的有关规定执行。

5.3 外观

用目测法检测植株的生长情况、病虫害、机械损伤、茎叶是否失水萎蔫等状况；苗龄根据育苗档案核定。

5.4 母蔓长度

用卷尺测量切口至茎顶端蔓之间的长度，单位 cm，精确到 1cm。

5.5 母蔓粗度

用游标卡尺测量基部切口以上第 2 个节中部的最大直径，单位 mm，精确到 1mm。

5.6 腋芽数

用目测法观测母蔓的腋芽数量。

5.7 新蔓长度

用卷尺测量新蔓基部至顶端完全展开叶片处茎蔓之间的直线长度，单位 cm，精确到 1cm。

5.8 新蔓粗度

用游标卡尺测量新蔓基端以上第 2 个节中部的最大直径，单位 mm，精确到 1mm。

5.9 根节数

用目测法观测插条苗的根节数量。

将检测结果记入附录 B 和附录 C 中。

6 检验规则

6.1 组批和检验地点

同一批种苗作为一个检验批次。检验限于种苗增殖圃、苗圃或种苗装运地进行。

6.2 抽样

按 GB 9847 中的规定执行。

6.3 判定规则

6.3.1 一级苗：同一批检验的一级种苗中，允许有 5%的种苗不低于二级苗要求。

6.3.2 二级苗：同一批检验的二级种苗中，允许有 5%的种苗不低于 4.1 的要求。

6.3.3 不符合 4.1 要求的种苗，判定为不合格种苗。

6.4 复检规则

对检验结果产生异议的，应加倍抽样复验一次，以复验结果为最终结果。

7 包装、标识、运输和贮存

7.1 包装

取苗后喷施 50%多菌灵可湿性粉剂 500 倍液进行消毒，然后用草绳、麻袋或纤维袋等透气性材料进行头尾两道捆绑，两头开口，一般 20 株/捆。

7.2 标识

种苗出圃时应附有质量检验证书和标签。推荐的检验证书格式参见附录 D，推荐的标签格式参见附录 E。

7.3 运输

按不同级别装运，装苗前车厢底部应铺设一层保湿材料，分层装卸，每层厚度不超过 3 捆。运输过程中，应保持通风、透气、保湿、防晒、防雨。

7.4 贮存

运达目的地后，将种苗摊放在阴凉处，母蔓应炼苗 1d～2d 后，在晴天定植；插条苗应洒水保湿，在起苗 1d～2d 天内完成定植。

附　录　A
（资料性附录）
墨西哥香荚兰特征特性

茎浓绿色，圆柱形，肉质有黏液，茎粗 0.4cm～1.8cm，节间长 5 cm～15cm，不分枝或分枝细长。叶互生，肉质，披针形或长椭圆形，长 9cm～23cm，宽 2cm～8cm。花腋生，总状花序，一般有小花 20～30 朵，花朵浅黄绿色，唇瓣喇叭形，花盘中央有丛生绒毛。荚果长圆柱形，长 10cm～25cm，直径 1.0cm～1.5cm，成熟时呈浅黄绿色。种子褐黑色，大小为 0.20mm～0.25mm。

附　录　B
（资料性附录）
香荚兰母蔓质量检测记录

表 B.1　香荚兰母蔓质量检测记录表

品　　种：＿＿＿＿＿＿　　　　No.：＿＿＿＿＿＿

育苗单位：＿＿＿＿＿＿　　　　购苗单位：＿＿＿＿＿＿

出圃株数：＿＿＿＿＿＿　　　　抽检株数：＿＿＿＿＿＿

样株号	母蔓长度 cm	母蔓粗度 mm	腋芽数 个	初评级别

（续）

样株号	母蔓长度 cm	母蔓粗度 mm	腋芽数 个	初评级别

审核人（签字）：　校核人（签字）：　检测人（签字）：　检测日期：年　月　日

附　录　C
（资料性附录）
香荚兰插条苗质量检测记录

表 C.1　香荚兰插条苗质量检测记录表

品　　种：________　　　　No.：________

育苗单位：________　　　　购苗单位：________

出圃株数：________　　　　抽检株数：________

样株号	新蔓长度 cm	新蔓粗度 mm	根节数 个	初评级别

（续）

样株号	新蔓长度 cm	新蔓粗度 mm	根节数 个	初评级别

审核人(签字)：　校核人(签字)：　检测人(签字)：　检测日期：　　年　月　日

附　录　D
(资料性附录)
香荚兰种苗质量检验证书

表 D.1　香荚兰种苗质量检验证书

育苗单位		购苗单位	
种苗数量		品种	
检验结果	一级：　　　株　　二级：　　　株		
检验意见			
证书签发日期		证书有效期	
检验单位			
注：本证一式叁份，育苗单位、购苗单位、检验单位各壹份。			

审核人(签字)：　　　　校核人(签字)：　　　　检测人(签字)：

附 录 E
(资料性附录)
香荚兰种苗标签

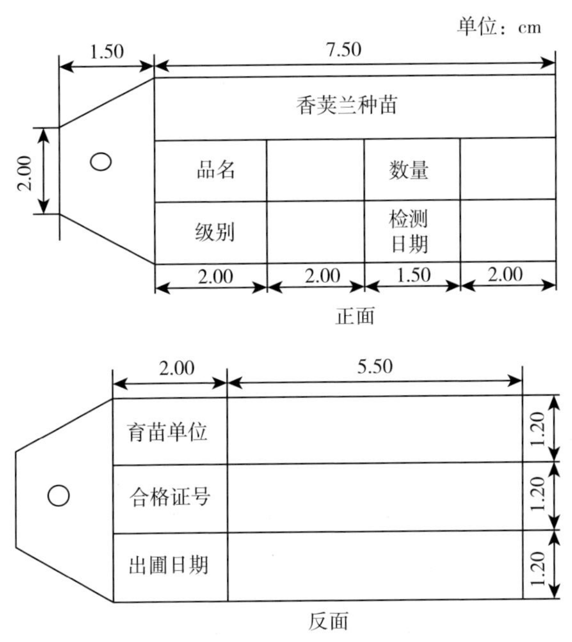

图 E.1 香荚兰种苗标签

注：标签用150g纯牛皮纸，标签孔用金属包边。

说明

本标准由中华人民共和国农业部农垦局提出。

本标准由农业部热带作物及制品标准化技术委员会归口。

本标准起草单位：中国热带农业科学院香料饮料研究所。

本标准主要起草人：王华、王辉、朱自慧、宋应辉、庄辉发、赵青云、顾文亮、邢诒彰。